BIG DATA ERA

大数据时代下半场
数据治理、驱动与变现

[德]罗纳德·巴赫曼　[德]吉多·肯珀　[德]托马斯·格尔策 ◎著

刘志则　刘　源◎译

北京联合出版公司
Beijing United Publishing Co.,Ltd.

图书在版编目（CIP）数据

大数据时代下半场：数据治理、驱动与变现 /（德）
罗纳德·巴赫曼，（德）吉多·肯珀，（德）托马斯·格尔
策著；刘志则，刘源译 . -- 北京：北京联合出版公司，
2017.9

ISBN 978-7-5596-0903-8

Ⅰ. ①大… Ⅱ. ①罗… ②吉… ③托… ④刘… ⑤刘
… Ⅲ. ①数据处理 - 研究 Ⅳ. ① TP274

中国版本图书馆 CIP 数据核字 (2017) 第 204710 号

大数据时代下半场：数据治理、驱动与变现

总　策　划｜刘志则
著　　者｜（德）罗纳德·巴赫曼　（德）吉多·肯珀　（德）托马斯·格尔策
译　　者｜刘志则　刘　源
监　　制｜李广顺　曾荣东
责任编辑｜管　文
策划编辑｜刘燕妮
装帧设计｜张合涛
版式设计｜苏洪涛
营销推广｜周莹莹
出版发行｜北京联合出版公司
　　　　　北京市西城区德外大街 83 号楼 9 层
　　　　　邮编：100088
经　　销｜新华书店
印　　刷｜北京天宇万达印刷有限公司
开　　本｜880mm×1230mm　1/32
印　　张｜10
字　　数｜212 千字
版　　次｜2017 年 9 月第 1 版　2017 年 9 月第 1 次印刷
书　　号｜ISBN 978-7-5596-0903-8
定　　价｜68.00 元

前　言

　　大数据是除"云计算""移动""内存"和"社会媒体"之外决定当前 IT 行业趋势的一个关键词。我们可以确定的是，大数据与商业智能不同，不仅在企业经济中，而且在总体社会环境中都具有重要意义，对于这一点我们可以从大数据成功登上政治刊物《明镜》周刊头版（参见：Schulz，2013）和其在电视脱口秀节目如《贝克曼》（Beckmann，德国脱口秀节目）中成为讨论主题的事实中得见。该主题在全社会的重要性，特别是它们的产生在大数据环境中会对企业及其行为模式产生影响。商业智能与大数据的联系，我们将在后面深入探讨。

　　大数据时代上半场的主要任务是收集数据，但是在下半场时，企业的主要任务由收集数据逐渐地向数据治理、数据驱动及数据变现等方向转换。

　　在企业中，随着可用信息不断增加，不难猜想，市场营销和销售都在追求更好地了解客户并提供个性化服务的目标，然而没有大数据，这个目标便是天方夜谭（参见：Bloching，Luck & Ramge，2012）。

企业内部基本赞成追求该目标，通过实时处理大量数据，几年前不能实现的应用也能够成为现实。在涉及应用实例及描述其经济潜力时，这种幻想似乎没有任何限制。大数据这个词就像"21世纪的石油"，广泛流传。

但是大数据真的会给我们带来"美好的新世界"吗？我们的期望能够在多大程度上得到实现？机遇背后存在着哪些挑战？技术可行性会一直都有意义吗？哪些技术投资是必不可少的？人们可以预期的投资回报率（ROI）有多少？事实上，我们需要付出代价来换取大数据提供给我们的机遇——这种代价不仅仅是货币形式。

此外，大数据的重要意义也随着我们每个人的角色不同而不同。我们一直参与其中，尽管大数据和我们知道与否、愿意与否并不相关，但是作为公民、客户、企业员工及互联网、智能手机、导航设备的用户，大数据对于我们具有何种意义？在这个网络化的世界里，我们既是大数据的创造者，同时也是使用者，我们自己如何参与"大数据现象"，这会产生何种结果？面对"大数据—老大哥"的联合，政治会扮演什么样的角色？在与数据打交道时，公司又会在国际上提出怎样的"游戏规则"？

大数据不仅仅代表了大量的数据，而且更多地反映了各个生活领域已经广泛数字化，即"数字化世界"所推动的社会变革，以及由此给社会文化带来的深远影响。大数据给社会造成的变化任何人都不可能否认，因此，积极阐释大数据是不可避免的。

大数据的复杂性需要一本结构清晰的书来进行分析，这样一方面可以把握其复杂性，另一方面也可以清楚地描述每个层面。

因此，我们一直在努力，合理划分内容，并根据章节的逻辑结构处理我们目前所关注的相互关系。我们意识到，这个主题还可以通过其他出发点或者结构进行研究，尤其是当我们选择了另一个中心时。

企业和全社会层面紧密连接，我们所有人都扮演着公民、顾客和企业员工的不同角色，这一点我们在第一章中有详细的描述。因此，之后指向企业层面的内容将以通俗易懂的语言进行论述。

有了这一论点，我们就应该承认这一事实：我们所有人必须广泛掌握"大数据"和"数字化世界"之间复杂的相互关系，以便迎接 21 世纪中心话题的挑战。

在此过程中，我们应该抛下自己的安乐窝，抛弃习惯的行为做法和思维模式，主动承担责任，因为这是在集体和个人层面起决定性作用的成功要素。

这一认识使得大数据成为了一个非常吸引人的话题。

罗纳德·巴赫曼

吉多·肯珀

托马斯·格尔策

2014 年 1 月

引　言

引言内容
- 主题引入
- 通用概念和定义阐释
- "大数据现象"
- 大数据的自身动力

我们都是"大数据"

对于大数据的概念，迄今尚未有通行的固定定义，然而一些人尝试将该现象解释为极大的、呈指数型增长的数据量，有多层次的特点和特定背景。关于大数据的设想依旧处于模糊状态。

这一事实使人明晰，我们并不能明确知道大数据对于个人、企业及全社会的现实意义，只有一种"翘足而待"的氛围盛行于世，全球各种社区都在想象着大数据时代的情形，并且期待利用大数据创造各种可能。在对"大数据究竟具体是什么"及"人们想要如何对待大数据"等问题的设想逐步建立的同时，该主题也在一并发展。更确切地说，前者常常落后于后者的发展。这是因为致使"大数据现象"出现的科技和社会变革不断地发展，使它有了更多的动力。

现在基本可以确定的是：

1. "大数据现象"是存在的。

2. 我们在生活的不同角色中都受到大数据的影响，没有人能够摆脱这种影响——即使关闭或不再使用科技设备。

3. "大数据现象"假设了一种不受人操控的自身动力。

4. 我们需要理解这种自身动力的作用机制，以便利用现存的机会，规避潜在的危险。

一些人在这里也许已经觉察到，他们多年来已经将大数据进行了技术转换，至少在专家看来，如今 IT 基础设施和企业生产过程中大量数据的合并已属常规。那么是什么使大数据如此新颖且无法估测？答案便是纯技术层面很少涉及大数据，并且无法正确对待这一多层次的主题。

帕蒂尔（D.J.Patil）是旧金山格雷洛克风投公司（Greylock Partners）的首席数据科学家，2011 年在著名的数据科学家福布斯排行榜中名列第二，仅次于 Google 创始人拉里·佩奇（Larry Page）。他在慕尼黑数字生活设计大会（DLD Conference）上引用了美国杜克大学心理学和行为经济学教授丹·艾瑞里（Dan Ariely）的话：

大数据的话题就像青少年时期的性，每个人都在谈论，但没有人真正知道它究竟是什么。所有人都在想：其他人在做这件事；每个人都宣称：自己也要做这件事。

帕蒂尔在他接下来的讲话中提出了大数据的重要挑战：

> 它涉及的是，在数据大杂烩中辨识典型，并正确阐释。我们自己现在便是一个数据产品。

帕蒂尔所说的"辨识典型，并正确阐释"已经暗示，我们没有做到在纯技术、纯理性的基础上持续自动地分析数据，并由此取得高质量的成果。这更多涉及辨识和阐释，也就是分析，这种分析的对象便是我们自己。正如帕蒂尔所说，"我们自己现在便是一个数据产品"，大数据时代，一切都围绕着这个产品转，或者更确切地说，是大数据使我们变成了这个产品。

在欧盟倡议的"互联网安全日"上，德国食品和农业部及德国信息技术、电信和新媒体协会的专家在柏林讨论了一个问题："大数据——金矿还是炸药？"企业和政府在两点上达成共识：

> 1. 大数据不仅蕴含着极大的经济潜力，而且可以帮助解决社会问题。比如，提高交通安全性并且防止交通堵塞，而且医药信息的系统性评估可以帮助完善治疗体系。
>
> 2. 借助大数据解决这些社会问题要求我们每个人提供个人数据，并同意第三人以有史以来前所未有的规模

对其进行分析和加工。作为团体和个人，只有在我们的
数据及我们的私人空间得到相应的保护时，我们才甘愿
如此。

因此，大数据不仅在经济和企业层面被人广泛议论，在全社
会也是一个十分重要的话题。关于这一点，第二章中会有所涉及。
可以确定的是，我们所有人都是限定"大数据现象"概念的一分子。
我们所有人在职业和私人生活中扮演着不同的角色；同时也是大
数据的创造者和使用者——无论我们想要与否、知晓与否。另外，
技术发展永恒而疾速，这个过程中，我们怀着对新科技设备、网
络化、通信的渴求，以消费者的身份参与其中，作用显著。

在第二章里，我们探讨了大数据在全社会产生的问题，比如，
公司应当重视的几个方面：数据保护、私人领域保护、互联网时
代的个人责任等。这些主题对公司使用大数据有直接的影响，公
司以在规则之下受限的形式对其加以利用，作为竞争要素开启新
的机遇之门。

图 1　大数据的基本循环

大数据的三个"V"

高德纳公司将大数据作了如下定义（参见：高德纳股份有限公司，2013）

"大数据是高容量、高速度、高多样性的信息资产，它要求信息处理的形式有着高性价比且创新，以增强洞察力和决策的准确性。"

该定义首先包含了大数据的三个中心层面：

1. 容量（Volume，这里指数据容量）

极大的数据容量自然是"大数据"的直观层面，也是其名字的来源。在上一个十年，人们用十亿或兆字节来描述数据容量（数字前缀"兆"已然描述了一个带有 12 个 0 的数字）。而现在，新的数据源相互叠加，数据量呈爆炸式增长，尤其是来自互联网的数据往往只能够用"拍字节（petabytes）""艾字节"（exabytes）"泽字节（zettabytes）"来度量（数字前缀 zetta– 描述的是一个带有 21 个 0 的数字）在国家组织领域中，如今接收的数据量已经用"尧字节（yottabytes）"来表示。

2. 速度（Velocity，这里指数据加工和变化动态的速度）

与大数据有关的速度应该从两方面考虑：

（1）数据加工的速度——加工动态。数据加工速度的增长首先归功于在这期间"内存"技术的发展。如此一来，数据不再储存于硬盘之中，也不再依照加工步骤按部就班进行处理，而是"即时"在主存储器中进行进一步加工和分析。虽然大数据和内存原本并没有直接联系，然而由于极大的数据量有了即时分析的可能性，于是一个"可行性的全新维度"应运而生。我们会在第五章中根据具体的应用示例对此进行探讨，其中一部分示例已经成为了现实。

（2）数据及其含义的关系和数据本身改变的速度——变化动态。数据不断变化，这些变化使得基于这些数据的分析结果也随之而改变。在大数据时代背景下，比如来自社交网络或者终端传感器的信息具有高度动态性，这些信息在特定的时间单位内频繁地变化，这就是"时间性变化动态"。

关于大数据，我们必须提到"语义学变化动态"。在大数据分析过程中也会有这样的情况出现，通过数据的更新不仅信息本身改变了，连信息自身的内容含义（语义学）也发生了改变。这种变化可以理解为大数据分析的一个特殊结果。

在大数据背景下，这种针对数据挖掘的观点再一次获得越来越大的意义，因为现在大量来自不同数据源的、有着不同内容和结构的、在不同情况下有不同意义的数据汇聚在一起。时间性和语义学变化动态的结合产生了一个复杂的情况。我们也会在之后不同的章节里涉及这个非同寻常的观点。

3. 多样性（Variety，这里指数据结构和类型）

在大数据背景下，不符合传统的、合理的或者多维度的数据库系统结构的数据不断增加，这些数据必须在科技系统及处理程序中融为一体，只有这样，数据才能基于确定的标准秩序相互关联起来。这对处理完全不同的数据的信息技术系统提出了更高的要求。

大数据和云

"大数据""云"和"内存"这几个主题常常被人一同列举出来，这使人产生一种印象，即这三个主题紧密相关，但是事实并非如此。大数据不一定要求云技术或者内存技术，而且云和内存也都是互不依赖的。然而有一点是正确的，那就是在处理大量数据时，只有使用云技术和内存技术，或者二者选其一，大数据所提供的特定潜力才会得到充分发挥。关于内存，我们在以"大数据与内存（In Memory）——可行性的新维度"为标题的第五章中，致力于该相互关系的研究。

有关大数据和云的内容说明，人们应该从两个方面对其进行考虑：

1. 在特定条件下，对于企业来说，将大数据转移至云中是意义深远的，在此涉及的是企业具体的单个决策。考虑到数据的多层次性，人们无法从单个决策中推断出

"大数据现象"和云的直接相互关系。

2. 反观之，要进行分析的数据来自哪里这个问题，使得云对于大数据的意义更加明显，比如美国大的互联网公司的数据均存于云端。

这在第一点上，人们可以确定，如果没有云的话，大数据也是不可想象的。我们，还有那些由人类创造的机器昼夜不停地创造着数据，假如没有云技术，在全球范围内获取、储存及加工这些数据，都是天方夜谭。

此外，第二点也应该考虑到数据的保护、私人空间的保护等问题，这些我们会在第二章清晰地进行阐述。

大数据和行为分析

上文所描述的技术发展及通过它引发的数据流与之前的科技推动力相反，在核心意义上，它并非真正的科技创新，也就是说它并非是一种真正的技术发明，而是对现有的、广为人知的技术的进一步发展。

新技术会带来无限可能性，在这一背景下，对于很多企业来说，首要的目的便是收集尽可能多的数据。比如，美国的大型企业的网络平台均在追求这一目标，从它们的角度来看，社交网络首先是一种工具，这一工具能够动员尽可能多的人将其个人数据公之于众。从本质上来说，这些企业的商业模式不以社交媒介本身为基础，它们的商业模式主要以由此取得的数据为基础（详见第九章）。

过去的 10 —15 年中，在终端领域技术发展的动力驱使之下，那些相对静态的信息，如姓名、出生地或者鞋码等信息能够供人使用。这些数据形容人的特征（属性），且基本上来源于曾经的基本数据和交易数据。而现在，随着大数据的发展，更多"动态数据"也可供使用。

从内容上看，这些动态数据其中一部分要被重新分类。对于传统的动态数据、交易数据，比如在企业的商品经济系统中产生的数据，可以反映订购和供应的过程。而如今大数据横空出世，增加了所谓的"交易数据"和"观察数据"，这些数据是由我们自己运转的或是一直携带着的机器所产生的。对这些数据进行系统地加工并且正确地阐释，使得人们可以通过这些数据对个人或者群体及其行为进行深入的推断。

大数据分析法的高要求便是相应地对个人和群体的预期行为进行预测，以此建立新的商业模式。比如，信用卡公司的 IT 部门和专业部门一直会分析获取的数据，如今，它们无不得意扬扬地宣告，它们已经有能力在个人的层面上对其未来的行为进行预测。

这种对于行为的分析和预测是大数据一个极其重要的方面，由此，个人数据的分析渗透到了一个全新的维度。

为了阐释这一结论，我们首先来看一个企业和客户之间传统的交易过程（如图 2 所示），这一过程产生了上文所述的交易数据。

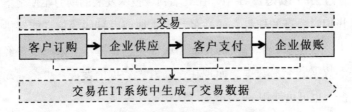

图2 传统交易产生的交易数据

这个简化的过程表明了企业与客户之间的核心过程。每一次过程之后，单个的步骤就告一段落，最后整体的过程也随之结束，作为结果的数据不再改变，或者只是细微改变。

从这种纯粹的过程角度来看，互联网只是另一个演绎该过程的平台。换言之，客户不仅仅局限于打电话或者邮寄订单（他至今依然可以这么做），而是通过互联网端口的操作来完成上述的交易过程。这种新的可能性使得许多新的企业横空出世，它们不断改革着商业模式中的新兴技术。而交易过程的基本原则，以及由该过程产生的数据内容影响力，却没有因为互联网而发生改变。

这些由这一核心过程获取的数据可以被做如下描述：

1. 基本数据：

（1）姓名、地址、生日；

（2）几乎不发生改变；

（3）数值会逐渐得到补充，且该数值与订购产品息息相关（如鞋码）。

2. 动态数据：

（1）与具体的一个过程有关，如单次订购；

（2）供应信息，如订购日期、订购产品、数量、颜色、大小、价格等。

诚然，互联网在传统交易过程的范围内带来了一个明显的优势：先前来自类似情况的，需要输入计算机信息系统的数据，比如一项通过明信片寄送的订购，可以通过在线订购而省略，因为相关的数据已经以数字化的形式存储在网络中了。互联网在许多地方都优化了交易过程。

数据分析——这些类似情况中或者互联网中的数据是否能够为企业所用？比如一段时间内不断变大的数据量可以表现为：

1. 客户最常购买的是什么？

2. 客户最有可能喜欢什么颜色？

3. 客户什么时候会购买？

4. 客户会买哪些组合产品？

……

对这些信息的大量理解和分析给市场带来了新的繁荣，尤其是导致了我们每个人所熟知的在线供应形式的产生：

1. 已经购买该产品的客户还会订购、购买哪些产品？

2. 哪些产品与您所订购的产品可匹配使用？

3.您还会对哪些产品感兴趣?

......

如此一来，以上描述的信息都将系统地被提取和利用，然而这些十分详尽的信息，尚不足以震撼世界。

互联网与过去十五年左右的终端科技发展相辅相成，成为了全球连接的平台，使得大数据蕴含着极大的潜能。想要清晰地阐明这两者结合的意义，我们可以从生产数据的类型、数据的内容影响力、数据的变化动态等几个方面对"大数据的基本循环"进行分析。

图3　相互作用的数据及观察数据的大数据基本循环

在大数据的基本循环中，终端不仅仅将交易数据传输到不断重复但是相互独立的过程中，更多的是通过一个持续的过程将新的"相互作用的数据"和"观察数据"传输到基本循环之中。这些数据可以包括：

我们在哪里逗留？

我们从哪里来，到哪里？

我们和谁交流？

我们交流什么？

我们如何行动（通过终端的传感器）？

我们阅读什么？

我们是否健康？

······

通过对这些数据的分析，例如个人运动特色及由此产生的最终的心理记录表，能使得对于未来个人和群体的行为预测成为可能。

以技术发展的社会文化影响为出发点，总体而言，可以理解为所有生活领域的全方位数字化。大数据和世界的数字化可以被视为工业革命的后续，我们将在第二章第八节对其进行深入探讨。要思考这一结论，我们首先需要简要回顾一下两百年前的经济史。

大数据和工业革命

第一次工业革命和第二次工业革命发生在 18 世纪末和 19 世纪末之间。它们的特征为"基础创新"，呈长波状在世界范围内一触即发。"康德拉季耶夫周期"是俄国经济学家和周期经济发展理论的代表人物尼古拉·德米特里耶维奇·康德拉季耶夫（Nikolai Dmitrijewitisch. Kondratieff；参见：维基百科，Nikolai Dmitrijewitisch. Kondratieff，2013）提出的一种为期 50—60 年的经济周期。从时间上看，直到 20 世纪末，工业革命的两个阶段均出现了五个康德拉季耶夫周期：

1. 大约 1780—1840 年：早期机械化；德国工业革命的开端；蒸汽机——康德拉季耶夫周期。

2. 大约 1840—1890 年：第二次工业革命；贝塞麦转炉钢和蒸汽船、铁路——康德拉季耶夫周期。

3. 大约 1890—1940 年：电子技术和重型机器——康德拉季耶夫周期。

4. 大约 1940—1990 年：专用自动仪器——康德拉季耶夫周期（汽车、合成电路、核能、晶体管、计算机）。

5. 1990 年开始：信息通信技术——康德拉季耶夫周期与"全球化"紧密相连。

至今不清楚的是，哪些基础创新有着触发第六个康德拉季耶夫周期的潜力，以及这种长波经济周期现象是否伴随着一种规律。著名的经济理论家和未来学家，长波理论的代表及德高望重的信息社会构想者利奥·莱菲多（Leo Nefiodow）在他的著作《第六次康德拉季夫周期》中研究了这一问题（参见：莱菲多，2007 年第六版）。

鉴于 20 世纪以来"新经济"取得的初步成果，人们将出现第六次康德拉季夫周期的希望寄托在计算机上，将其视为"基础创新"。然而随着市场泡沫破裂，这一希望成为幻影。在这一背景下，在上文简化的公司和客户的交易背景下，互联网作为一个纯粹的商业发展的平台，并不具备触发世界范围内长波经济周期的潜力。

然而，这种潜力可能通过以上描述的行为分析而产生，这一论题我们将在不同的章节进行进一步研究。

大数据的自身动态

随着技术水平的高速发展，数据量以指数爆炸的形式增长。器械的高效利用及越来越多可供使用的数据唤起了人们加工利用信息的贪婪心理——在社会公共领域方面也是如此，大数据在这里展现了其在全社会的重要性。

企业能够通过分析大量的数据获得竞争优势，并不想完全失去这种连接，故而被迫寻找解决方法，如此一来，来自现存的商业过程的网络数据，分析利用和操作逻辑及已经存在的信息技术系统建筑可以相互融合。从技术层面上来看，"混合建筑"是将现存的建筑进行了几个组件的延伸，以此实现融合。这些大数据的特殊组件许多都以 Java 为基础，在供应商圈子里笼罩着一种"淘金者气氛"，因为这儿并不存在统一的标准，市场上总是会出现新的工具或者成套的工具，用来帮助解决大数据的部分问题。

这些工具在引进之后会继续发展，它们及其他同样处于永恒发展状态的工具的兼容性也会常常改变，后者必须在一个包罗万象的"大数据技术堆栈"中重新找到。昨天尚能毫无差错地运行的硬件和软件，在其中一部分系统更新之后，最终无法在系统组合中运作。

许多有着技术设置的咨询公司在大数据这一背景下，首先专注于一定的技术堆栈，为它们的客户提供普遍可用的解决方案。然而，即便是在这些情况下，项目组也会指出，投入技术的生产者网站永远都在注意着网站的更新和共同使用性，如此便能及时地运用最新技术，同时保持技术组合的和谐运行。

对于企业来说，这包含了一个大机遇，即弥补过去。因为我们必须以此为出发点，也就是说，大数据对于公司的重要性是一个极高的百分比数字，它们的 BI（商业智能）任务还没有完成，而这一任务对于大数据融入当前结构至关重要。

一般情况下，在过去的几年中，对各种层面的信息技术的责任人来说，得到预算，能使得信息技术系统环境及所有相关部分持续再重组成为可能，然而事实上并不可行。在巩固商业过程和信息技术系统时，企业遇到的最强大的成功阻力便是，商业和信息技术合作中出现的长时间的摩擦损耗。

近年来，几乎仅仅只有日常事务节奏加快的短期挑战，在相应的信息技术中起主导作用。尽管可供使用的系统有着极高的产能，这依旧导致信息加工效率一直下降。在传统的"商业智能"中处理的数据，对比大数据而言，更容易进行组织，而且应用的工具也足够出名。

由于与之相应的首创并非是在技术层面，而是存在于人与人之间的矛盾和政治对立的层面（参见：巴赫曼、肯珀，2011 年第二版）。

以此为出发点，即大数据能够超越商业智能，对于企业的竞争力和生存能力，以及 IT 和 BI 任务具有重要意义，因此会给社会带来新的动态，甚至连文化主题的必要讨论也有所波及，比如"工业 2.0""智能协助"或者是"社会商业融合"。大数据和商业智能在策略、组织、过程、变革管理、通信，甚至是企业结构等层面上的相互关系，我们将在第三章进行详细探讨。

引言总结

◆ "大数据现象"并没有一个通用的固定定义。

◆ 第一个定义尝试聚焦于大数据的技术层面,如数据量、变化动态及数据结构和数据等级的差异性。

◆ 大数据是所有生活领域大范围数字化所推动的具有高动态性的效应。

◆ 大数据出现的原因及由此导致的总体主题的多层次性,赋予了"数字革命"持续变化的潜力,并有着深远的社会文化影响。

◆ 大数据与我们每个人都相关,人人都扮演着不同的角色,参与其中。

◆ 大数据在 21 世纪属于企业资本。

◆ 大数据是通过技术、工具和数学的结合,以及恰到好处地使用资本而发展的,并且大数据的应用工具与其他主题是相互分离的。

◆ 大数据的发展假设了一种不能被人控制的自身动态。

◆ 大数据重要的特点之一便是进行行为分析的可能性,这能够通过新的数据等级及相互影响的数据关系来实现。

目 录 contens

第六章　大数据对企业的意义

第七章　企业如何通过大数据完成变现

第八章　企业中大数据的解释权

第九章　大数据和互联网时代的市场营销

第十章　大数据——祸兮？福兮？

附录 A　参考文献 /273

附录 B　表格、图片、链接目录 /291

第一章　大数据时代的企业战略目标

本章内容：

◆知识、价值创造和商务模式

◆分析型市场竞争者

◆制信息权和解释权

企业采取的所有措施都应服务于企业的基本目标，其中最重要的当然是经济目标，比如产量提高和企业发展。其理想状态是，让所有单个的企业活动沿着整体的计划进行，从而转化为企业的战略和特定的商务模式。这一目标需要通过各维度的企业措施与企业战略、计划和企业转型计划的紧密结合来实现，这不仅包括与企业近期和中期目标的结合，还包括与企业长期目标的契合。在这样一个相互关系中，每一个大数据创新都必须与其措施和目标形成统一。

1.1 知识、价值创造和商务模式

在企业大数据目标的设定中，最重要的必然是通过合理的分析获取新的知识，这种新知识应该服务于企业的长期目标，在此条件下实现企业的基本目标。在这个抽象层面上，大数据无疑可以适应其他战略主题。但是人们可以深入其中一个层面，关注"市场""销售"或者"产品和创新"各个领域，以此来区分对于大数据不同的要求或期望，同时也弄清这个主题下企业的潜力。

在此，我们需要说到"完整性"，大数据创新必定会有信息技术的参与；我们将在之后的章节中研究商业和信息技术之间必不可少的相互协调关系，特别是在大数据背景与新的特定框架条件下。在此，一个彻底的程序性观点必须置于首位。

现在，有特殊意义的重要知识方面的数据转变正进行着这样一个过程，其结构在商业智能领域是众所周知的，但是为了适应不断变化的框架条件，必须在几个大数据的特定领域普及这个过程。最后所有的活动会产生一个循环，但是所有的活动应当不断优化，并且随着时间产生增值，因为单个措施的成果会一并回到出发点并且在新的活动中引起人们的重视。

现在在大数据背景下——就像我们将在第八章中讨论的那样——数据和分析成果解读将会接踵而至。相比于商业智能，在这些不起眼的词背后，还隐藏着大数据一系列新的层面。在所有活动的目的之上当然一直存在着一个终极目标，即从数据信息中产生新的、具有重要意义的知识，并最终产生新创造的价值和商务模式，甚至产生新的社会。在这个过程中，其问题和目标以及由此产生的能用于一定数据储量的分析模式，会由于专业领域的不同、需求者的层次不同以及时间的不同而发生变化，这是必经之路。

> 提示：
>
> 分析模式的定义和成果阐释以及行动建议固然是商业智能的重要组成部分，但在大数据背景下，创造力在分析模式的定义和解读分析成果中具有广泛而深远的意义。

图 1.1 概括了这个过程并且突出了部分措施，在大数据处理中，这些措施在商业智能的要求中具有重大意义。

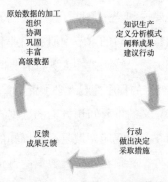

图 1.1　大数据的智能循环

1.2 分析型市场竞争者

在大数据时代，企业的目标必然是使自己成为一个分析型市场的竞争者。那么，这意味着什么？

具备通过数据分析产生竞争优势的能力将是一个企业成功的重要因素，这一点在一些行业中已然成为事实，特别是在一些商务模式几乎仅仅以数据处理为基础的企业，上述能力将完全关乎企业的命运。为了产生与商务相关的、有效的增值，这些企业在有效数据分析上进行竞争。

未来的市场将由这些企业主宰，他们可以通过有效的数据分析支撑企业策略，设计新的价值创造方式、商务模式以及市场策略，并使其在大数据循环中适用于企业策略。换句话说，商务将会不断加速，并向企业的适应能力提出更高要求。在这样的情况下，为了跟上发展的步伐，企业必须成为有分析能力的市场竞争者。

但如果能够为每一个关键时刻提供必要的数据，短时间内产生新的市场分析并将其引导和转化为新的措施，企业必须及时作出每一个调整。这些分析并非那些人们轻点鼠标就可以获得的传统的、静态的报告，而是针对一个动态的过程，在这个过程中，跨学科的团队为了获得新的知识而进行"轻松的研究"，因为这些新的知识是不能通过传统的方法引导出来的。

在这个过程中，为了能发掘潜能，参与者的创造性和能够进行试验的自由空间显得尤为重要。企业文化也必须兼收并蓄，与所有参与者的意愿相结合，给予他们私人空间，使参与者们敢于接受新的行为和思想模式，并且敢于对现有的组织架构提出质疑。

换言之，想要成为具有分析能力的市场竞争者的企业，必须有接受持续改变的意愿。如果企业一味遵循原有的模式，不对其进行任何改变，那么想要实现大数据的相关目标，想要成为有分析能力的市场竞争者是根本不可能的。只有像那些大型的美国企业，通过数据分析产生新的商务模式，才是唯一出路。企业要想成为具有分析能力的市场竞争者，必须进行自我批判，关注企业内部的条件是否有利于企业成功。那种"希望一切都越来越好，但是一切都保持不变"的要求在大数据背景下早就已经是天方夜谭了。

企业在走向具有分析能力的市场竞争者转变道路的同时也卷入了一场竞争，只有已经在一定范围内做好了接受新的思维出发点和新的合作模式的企业才能在这场竞争中获胜，这是一场人才的竞争。上面提及的跨学科团队需要各个领域的专家，例如编程人员，数学家和统计学家，这些人最好是敢于创新的人，特别是能够将个人特质带入这个团队的人，因为他们能够联系企业的宏观考虑并且能够在团队讨论时提出新的看法。

此外，团队还需要积极创新的人，对于积极创新的人来说，用原来已经用过一次的方法来解决新出现的问题，显得十分过时。他们迫切地希望用自己的知识、创造性和热情解决下一个问题，并且希望在一个相互影响的团队中创造出新的可能性。他们善于交际，能将复杂的问题清晰合理地表达出来。"大数据科学家们"必须将自己的工作视为一种尽情享受自己专业能力和个人天赋的方式，而且不应该被现有的控制程序和规则所阻碍，他们永远可以使用最先进的设备。虽然"大数据科学家"具备很强的社会竞争力，但他们绝不会表现出明星做派，只是主动地成为时代变化的主角。

对这些"大数据分析专家""大数据科学家"的形象描述当然是有意夸大的，通过这种方式至少是想表达对于大数据团队与其成员的一个基本要求。对于企业来说，这些工作者的寻求方式和领导方式是比较特殊的，这种方式在如今的许多企业中都是不符合标准的。

基于上述观点，我们强烈推荐托马斯·H.达文波特(Thomas H. Davenport)和帕蒂尔的《数据科学家：21世纪最性感的工作》一文，两位作家在文章中都特别提到，企业决策者必须先在企业内部进行说服教育工作，改变企业内部反对引入大数据专家的情况。例如网络平台领英（LinkedIn）：乔森纳·高盛（Jonathan Goldman）在2006年进入领英工作时就提出了这个意见【参见：达文波特（Davenport）、帕蒂尔（Patil 2012）】，很快领英的管理层就批准将高盛的观点通过例外处理来实现，而非普遍应用于软件发布周期，这一点非常重要。高盛的方法被采用之后，领英才发展成为我们今天所熟知的社交媒体。

我们应当以平常心对待上文提到的"大数据科学家"的特殊地位，和其他团队一样，大数据团队也是成果导向性的。值得关注的是，由于被给予了很大的自由空间和舒适的条件，大数据团队所承受的交付压力也是巨大的。如果经过一段特定的时间仍然没有任何成果，大数据团队很快就会解散，消息也会很快在行业内流传。因此绝不能放任大数据团队自生自灭，至少应该根据当时的需求使现有的专家关心生产,以此达到管理大数据团队的目的。

这对于一个有丰富经历,习惯自由,有高超敏锐的鉴别力、通感力、鉴定力和执行力的人来说是一个巨大的挑战。与此同时,团队中的每个人还需要不断地坚实中期和长期目标,以保证在遇到短期的成本效益方面的问题时没有后顾之忧。

关于大数据中的变革和沟通管理,我们将在第三章中论及。

至于企业在运作和组织过程中如何与大数据相关联,我们将在第七章和第八章中详述。

1.3 制信息权和解释权

那些已经成为具有分析能力的竞争者的企业在这个层面上又进入了一个新的竞赛,首先是"制信息权",然后下一步是与数据、信息和话题相关的"解释权",最后是寻找一个可信赖的、可提供分析和预测服务的供应商,为公司的内外决策提供基础。

> 提示:
>
> 此处提到的"解释权"竞争是指企业之前的解释权竞争。关于企业内部的解释权竞争我们将在第八章中详述。

企业之间的竞争,可以通过以下几个问题来区分企业成为具有分析能力的竞争者的成熟程度:

1. 哪些企业在某一特定领域拥有绝对的相关数据占有量?

2. 哪些企业具备将数据转化为正确的信息和知识,并将这些知识正确的表达出来的能力?

3. 哪些企业具备支撑决策(比如国家范围的决策)的能力?

接下来,我们要举一个例子,虽然,这个例子只适用在公共领域业已举足轻重的大公司,但是这个例子也适合梳理出企业内部的相互关系,这个相互关系也涉及对由专业部门传输给特定团队的信息的内部分析。

例子:

一家大型搜索引擎企业确定(其他大型搜索企业也同样如此)德国某个特定区域对于流感症状和流感药物的搜索数量高于全国平均水平,并且这个数量持续快速增长。这可能是一场流感开始的信号。

根据搜索数据,企业自然掌握了信息并且推断出,也许一场流感即将爆发,流感的初发地也被清楚掌握。这里的"可能"意味着人们暂时只停留在数据和信息层面。

从理论上讲,上面例子里的公司在得到数据后,应该在相关区域进行一场区域性保险公司的宣传活动,以此来提醒人们作出预防。接下来，应该以大数据科学家提出的这个问题确实和流感相关的论断为出发点，在全国大范围内采取措施之前，向有关人员转达消息并基于数据分析证实这个观点。

企业必须自己承担上述费用，但是在保证企业利益的同时也要保证不能有过高的错误率。为此统计学家会计算企业的错误率，因为错误率能够反映企业分析结果的真实性以及所做预测还有哪些不可确定性。这些错误率是最终分析结果的组成部分，分析结果中还会包含对结果可能性的预测，严格来说，单纯的分析是远远不够的。

除了上文的数学验证方法，当然还有其他的手段来鉴定信息。如果要发展新的验证方法，有丰富想象力的人将会非常受欢迎。换句话说，面对大数据的复杂性及其繁多的可能性，仅仅依靠已有手段来解决新出现的问题是不现实的。因此，大数据专家团队需要专家和创新人才的合作，以达到能够交付新的解决方案的目的。在一些情况下，传统的验证方法是行不通的，这时人们将会通过反证法（也就是通过证明一部分观点完全不合乎实际的方法）尽可能地排除一些可能性，以提高预测结果的准确性。

反证法和提高预测结果准确性的最终目的，都是为了在一定程度上减少现实状况的复杂性和不断出现的各种可能性，并得出一个高度符合现实情况的结论。反证法能够有效地减少各种情况下事件的复杂性，但必须注意的是，排除事件可能性的时候不能匆忙大意（上文事例即指保险公司的宣传活动），否则信息解读的错误率就会大大提高。在此，我们要着重强调数据转化为信息、信息转化为决策知识的重要一点：

在许多情况下，数据的分析过程都是以猜测开始的，但是猜测不应该随意减少现实情况的可能性，必须非常小心地进行。这个重要的问题我们将会在第八章和第十章中深入探讨。

> **重要：**
>
> 一个企业从数据中提取信息，并将信息转化为与决策相关的知识；同时，必须减少对现实复杂性的不合理排除，否则信息解读的错误率就会增加。

再回到我们所举的事例，通过正确的分析，即通过对各种信息的证实，相较于传统的通过医生诊断，企业可以更早地得知在某一地区将要发生流感。健康人群可以更早地采取预防措施，最好的结果是一场更大范围内的流行病可以得到抑制。

如果企业在数据分析中存在错误，最糟糕的情况就是会触发上文提到的错误警报，并且对企业形象造成影响。不断触发错误警报的企业将会很快失去作为分析预测服务供应商的资格，并且陷入信任危机。

此外，企业还必须注意一点，这一点关系到一些人的特殊的个人目标，即对于特定信息和主题解释权的追求和占有，以及从中可能产生的纠葛。产生这种纠葛是因为公众对于同一个问题的认知是无法预测未来的。

图 1.2 显示了企业成为具有分析能力的竞争者、成为信息主宰者的各个阶段。企业内部的各个部门也经历类似的过程。企业作为具有分析能力的竞争者，其内部角色与各个参与数据分析的不同的部门相关。它们处于占据信息解释权的竞争中，对此我们将在第八章中详述。

图 1.2　企业变成分析型市场竞争者的过程

1. 战略

企业应当基于其战略和业务模式确定其在大数据时代的目标，并且回答如何将大数据这个主题融入公司整体格局中这个问题。

2. 集成

在企业战略计划的基础上，大数据必须在企业的各个层面形成技术上的统一。

（1）组织机构：在企业内部框架下确定其组织机构；

（2）流程：集成所有目前企业流程中的所有相关活动；

（3）技术：在信息技术架构中集成特别的大数据技术；

（4）企业文化：为大数据活动的成功创建总体框架。

3. 智能循环

请见本章开头。

4. 分析型竞争者

（1）企业具有通过数据分析以高精度的预测推导实际问题的能力；

（2）在企业内部目标群体范围内，有一个用于数据分析的部门具备上述能力。

5. 信息主宰者

（1）一个在公众眼里能为决策过程提供可靠的、高质量的分析支撑的企业；

（2）在某一公司一个被认为能提供可靠的分析以支撑决策过程的部门。

关于"解释权"我们将在第八章中详述。

第一章总结

◆ 企业利用大数据的首要目标即实现产量和销售量的增长，特别是通过大数据分析带来的知识增长来完成这一目标。

◆ 大数据也能显示新的价值创造和新的商业模式的潜力。

◆ 通过注重数据分析产生知识的能力，企业发展成具有分析能力的市场竞争者。

◆ 一个企业作为具有分析能力的市场竞争者，可以通过掌握一个具体领域的信息主宰权和解释权而使公众接受其商业模式，并且保障一个企业永久占据可观的市场份额。

◆ 在企业内部，各个部门也都在竞争信息主宰权和解释权。

第二章 社会生活中的大数据

本章内容：

◆ 大数据是社会变革的镜像

◆ 信息自决权

◆ 互联网时代的个体责任

◆ 数据意识的等级

◆ 大数据和"群体"

◆ 群体智能

◆ 大数据和"开放运动"

◆ 社会商业和社会企业

◆ 德国联邦议会"互联网和数字社会"研究委员会

◆ 德国政府的"大数据保护基金会"

本书是大数据对于企业层面的专业书籍，它并没有试图寻找对全社会层面的问题的解决方案，虽然全社会的问题是"大数据现象"的内在组成部分。

　　在这个背景之下，我们在考虑大数据对企业的意义时，也必须考虑到大数据在全社会层面的意义。其对于企业的意义我们将在第三章详细阐述。

2.1 大数据是社会变革的镜像

过去的 15 年内，没有任何一个企业性的话题像大数据一样超越了经济和企业的层面，对于人类社会产生了如此重要的影响。长期以来，新工业革命在所有的生活领域都有深远的意义，伴随而来的是日常生活节奏的加快及职业生活和私人生活圈子趋于一致。我们经历着社会、国家、经济和工作环境的大规模变化，这是大规模数字化及其社会文化影响所带来的不可避免的结果。

因而，大数据并非一个简单的技术现象，而是一个镜像，它反映了大规模进行的、早在 21 世纪初期便紧锣密鼓且高速发展的社会变革。这种变化为文明的进步提供了巨大的契机，然而也隐藏着风险。要想分析这一变革的作用范围，人们有必要注意到发展不息的"世界数字化"的开端和作用机制。

《法兰克福汇报》的出版商之一弗兰克·施尔玛赫（Frank Schirrmacher），在他的书中分析了该作用的机制【参见：施尔玛赫（Schirrmacher），《EGO——生活的游戏》，2013】。他认为：

　　1. 在冷战时期，由于军事和经济策略的原因，现代经济人假设的理论模型出炉：一个利己的人，只考虑自身利益的人。

2. 在冷战之后，这变成了 21 世纪成功存活下来的理论模型。时至今日，比如股票市场上还在根据其逻辑运行。

3. 最初目的首先是商品销售，在上一级层面上还有政治营销。

4. 通过接下来的步骤，该模型自身变成了自我感知的预言。该发展的最终结果便是，人作为决策的承担者被分离开来。

施尔玛赫指出，随着过去十年的技术发展，在一个呈现利己主义的人类形象中，机械和算法所构筑的权力，已经席卷了广阔的社会生活领域。在其中，公众之间的关系趋于透明，比如，股票交易不再由交易商打着随意的手势在众所周知的交易厅里进行，而是由一个高度专业化的计算机系统来完成。

然而，这种公开并不一定是一个为人知晓的事实，它虽然作为一个话题在媒体上被集中谈论，但是世界范围内的计算机系统相互连接的速度极快，且并不需要人类的干涉，这有可能导致某种股票的平均被持有时间急剧缩短，从几年变成几个月，甚至从几个月变成几秒钟。在本·布卢姆（Ben Blume）撰写的《高频率的贸易》中曾经提到过这一点（参见：布卢姆，2013）：

股票的被持有时间急剧变短，过去可以被视为对企业的长期投资参与，如今已经变成了 22 秒钟。

为了使得计算机系统具备几秒内进行交易的功能，不仅需要相应的算法，也需要专业化的硬件，这种硬件允许将进行买卖决策所依赖的市场内部逻辑直接集成在中央处理器上。很显然，如此一来，股票交易至少能够使大批量的人或者群体有可能使用专业性的、昂贵的系统，而股票长期参与企业的原始意义也会消失殆尽。

在自动化过程中人类判断的缺失，对于企业和社会意味着什么？这一点我们将在第八章和第十章中对相关的数学问题进行详细阐述。简言之，一些人相信，凭借数学工具和统计学模型，在越来越广泛的总体基础上，也就是在一个越来越大的数据基础上（大数据），人们能自动得到越来越精确的对现实的认识，并且在此基础上形成更加有据可依的对于未来图景的描述（"处方式数据分析"，参见第四章）。也许在这下面潜藏着后果严重的误区，这一点将稍后论述。

自动化的风险在某些时段（如2010年）逐渐变得明晰。2010年，华尔街由于单个的错误决策，引发了资本主义机器无法休止的链式反应。由于算法错误地估计了市场场景内容方面的无害性，它将市场拽入深渊。只有在人们未雨绸缪、集中干预的可能性存在时，这种有深远影响的世界经济总体崩溃才能够得到有效避免（参见：《新闻报》，2010）。

在关键词"大数据"的影响下，预言能够追求以数据为基础的文明进步，这在交易市场里早已司空见惯，世界数字化在这期间也如火如荼地扩展到全球范围。比如说二进制的思考结构，"0

或 1""对或错""好或坏"扩展到了所有的生活领域；同时这也带来了许多风险，比如"机器的权力"及灰色区域的渐隐。

对此，弗兰克·施尔玛赫说道（参见：施尔玛赫，《数据时代的政治》，2013）：

> 市场自我调节且不受外界影响这一概念，只在现代历史中传播到社会上，且产生作用。尽管还附带有一些观点，即，使这些变为可能的系统很少……授予完全记忆的权力。

施尔玛赫通过"完全记忆"这一概念将另一个层面带入了镜像之中。它可以很好地与引言中的"大数据基本循环"相互融合，如此一来，其意义一目了然。在这样做之前，我们要再一次扼要地重述一遍基本循环的内容，以便与施尔玛赫所描述的"完全记忆"的概要相承接：

> 1. 我们每一个人在职业生活和在私人生活中同时扮演着数据生产者和利用者的角色，这就是所谓的"大数据"。
>
> 2. 数据从我们触手可及处被抽离和保存，并且通过第三方——一般而言是国际大公司——集中进行加工、利用并进一步传输。
>
> 3. 作为数据生产者和使用者参与"大数据基本循环"的普通公民，对于这里所使用的信息技术基础设施既无

法把握义无法施加影响。

4. 该信息技术基础设施的组成部分，尤其是服务器和数据库，可以处于世界上的任意一处，只要那里的国家立法，在涉及数据生产和与此相关的个人信息时，并不存在法律上的问题。这意味着，例如一个德国公民将一幅剪影放在了社交网络上，而该社交网络的服务器在世界各地均可运行，如此一来，他就将个人信息传输到了一个并无法律保护的空间。

5. 信息技术基础设施的所有者和运行者实际上对于该"完全记忆"有支配权，该"完全记忆"是由一段时间内的数据保存所建立的。

图 2.1 和图 2.2 显示了引言中的"大数据基本循环"向"完全记忆"的拓展。

图 2.1　含有"完全记忆"的大数据基本循环

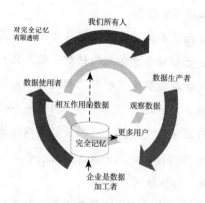

图 2.2 含有"完全记忆"和更多用户的大数据基本循环

　　许多评论家强调，"完全记忆"意味着大量的文明发展契机，理论上可供所有人支配。归根结底，大规模集中知识的心愿并不罕见。千年之前人类便建造了图书馆，想要收集知识，并集中利用。我们如今所支配的技术也是服务于这一目的的，这看起来十分合乎逻辑。

　　然而必须确定的是，上文描述的"完全记忆"并不是指收集某一个图书馆里的知识，而是收集每一个人的个体外貌和行为方式此类知识。许多人在大数据公开辩论上由此表达了一种担忧，对于该"完全记忆"不透明的利用会使得个人数据被任意使用，而且并不存在防止数据滥用的工具。现代数据库储存并加工个人日常生活中的每一种活动的同时，会留下数字痕迹，这一点在这种担忧中起着重要作用。

　　对于数据滥用的担忧也会产生在这样的情况下，即人们充分利用技术可能性，然而并不在"大数据基本循环"中对参与者公开透明，像上述情况甚至没有法律基础。因此在本书面世的几个月内，由于越来越广为人知的秘密活动和大型企业意外缺失的数据安全问题引发了一场公开讨论。

这里有三个示例：

1. 棱镜计划（PRISM）（资源整合、同步和管理的策划工具）：一项由美国国家安全局（NSA）启动的严格秘密实施的程序，用来监视和评估电子媒体以及电子储存数据。新兴的大型互联网公司和美国的国家机构都参与其中：微软（其中还有 Skype）、Google（此外还有 YouTube）、Facebook、雅虎、苹果、美国在线（AOL）和 Paltalk【参见：维基百科，棱镜计划（PRISM）（监控程序），2013】。

2. 时代计划（Tempora）：英国"政府通信总部"（GCHQ）秘密操作的代码，用来监控世界范围内的通信和互联网数据交流【参见：维基百科，时代计划（Tempora），2013】。

3.Facebook 的用户数据：Facebook 承认了其历史上最大的一次安全故障：由于数据库错误，用户得到了他们本来并不允许见到的联系电话或者电子邮箱地址，有六百万用户涉及其中（参见：克里斯提安，《明镜在线》，2013）。

像"棱镜计划"和"时代计划"这些活动的意义，在全社会环境下可以通过"大数据基本循环"的全新拓展而被一览无余。

在这种可能并不平等的背景下，有关"完全记忆"的使用，参与"大数据基本循环"的社区，以及并不属于这个社区的个体活动家或者群体，在公共辩论之中提出了这样一个问题："大数据＝老大哥？"

根据如今的情况，这里必须确定的是，国家行为如"棱镜计划"和"时代计划"的法律框架条约既没有被确定，或者存在法律上的复杂性，比如说在涉及个人的情况下，通过滥用个人数据而在实际上干涉个体是不可能的。即使是一个国家的政府，比如德国联邦政府，现在实际上也没有防止公民滥用数据的法律工具。如果这种数据滥用现象发生在信息技术系统，那么从自然地理角度上来看，其处于德国国家疆土之外。大数据的这个角度触及了宪法，其结果便决定了现实中的公开讨论。

在这种关系下，一个基本问题应运而生，数据究竟属于谁：

1. 属于那些曾经将数据输入信息技术系统的人。当我们在一个互联网端口设置一个账户或者一个照片时，那些人常常是我们自己吗？

2. 属于那些能够将数据通过技术连接分配给个人的人吗？

3. 属于有着信息技术基础设施（比如一个互联网端口，数据向导）、对数据进行分析利用并且传输的企业吗？

4. 属于有着数据物理载体并进行数据存储的企业吗？

5. 属于通过点击接收 AGB 的公司吗？

即使这些问题在国际层面上以法律方式阐释了数据所有权，还是会产生一个问题，即一个有着数据所有权的"数据所有者"能获得哪些权利：

1. 他能够根据自身意愿将不同数据随意相结合吗？他能够将某些数据与其他数据相结合的条件是否是其他数据的所有权也归其所有？

2. 他是否能够将数据及其所有可能的连接进行出售，或者转让给第三方？如果可以转让，那么接收者是否自动变成了新的所有者？这些过程是否必须对涉及数据技术和内容的人员公开透明？获得这些人的同意是必要的吗？

3. 从国家层面来看，这些权利在国际层面上该如何执行？有哪些国际组织可以对相应权利进行诉讼处理？

这些问题在持续进行的公开辩论中得到了阐述，但是最后的结果却不得而知。只是现在人们对于大数据有一个重要的认知。

> 重要：
> 　　我们每个人都涉及了大数据，而且必须在集体和个体的层面上为我们的行为设置不断变化的社会框架条件。

2.2 信息自决权

在这种现象中，德国公民如今已经在德国拥有了"信息自决权"，自主决定是否放弃或是利用个人相关的数据。与一般的观点相反的是，这一权利并没有确定在基本法中。根据联邦宪法法院的判决，这是所谓的"数据保护的基本权利"。此外，根据欧盟基本权利宪章第八类，个人的相关数据是受到保护的（参见：维基百科，信息自决，2013）。

此外，在德意志联邦共和国中，国家"保障信息技术系统的可靠和正派的基本权利"（参见：维基百科，保障信息技术系统的可靠和正派基本权利，2013）。该权利同样也不是在基本法中确定的，而是在 2008 年由联邦宪法法院作为基本人权的特殊表现而规定下来的。在口语中也将其称作"信息技术基本权利"并且导致对"数字隐私"的保护，也就是保护在信息技术系统中储存并且被进一步加工的个人数据。

然而，鉴于当前的国际法状况，人们必须以此为出发点，即国家的法律没有在国际范围内进行实施。为了使得这种实施成为可能，对新的国际协定的讨论势在必行，以此在国际范围对数据形成一种有约束力的规定。因此，需要通过多国协议来成立一个以实现该目标为宗旨的国际组织，该国际组织需要很长时间来不断展示每日数据的自身动态。

一个国际间的数据保护协定必须要规定两个基本方面来保障企业和个人权利的安全性：每个具体网络上的个人数据的保

护、互联网自身的正直性【参见．阿克西尔·阿尔巴克（Axel M.
Arnbak），信息权益机构（IVIR），阿姆斯特丹大学，2011】。

在国际层面形成约束条例，其履行应该受人控制，这并不是
一时半会儿就能够实现的。如果国际上并不存在约束条例，每一
个国家及其公民在涉及"完全记忆"时都能实施他们的权利，且
将其固定在机构的章程之中，那么保护个人隐私的责任首先还是
在于个人自身。

这种状况越来越多地反映了公众意识的觉醒，并且改变了公
民先前对于数据保护和隐私保护的轻视的观点。这涉及一个问题，
即"互联网时代的个体责任"。

2.3 互联网时代的个体责任

对数据保护和隐私保护话题的公开讨论在某些时候显示了一
种悖论：网络用户，不仅仅指"数字原住民"，自愿在社交网站
上公开一些涉及隐私的信息，同时又要求国家政治能够保护其私
人领域。鉴于以上概述的国际法律状况，个人就有一种被保护的
需求，然而也正是这些人自身的行为对数据保护的规定进行破坏，
使国家几乎不能发挥人们再三申诉的保护功能。

这种情形是这样产生的：在大约 20 年前，一种"数字乐

观"的心态盛行于世。在对待互联网的问题上，许多参与者都奉行一种"无忧无虑的享乐主义"【参见：克努维（Knüwer），2012】。

以上描述的情况，如数据滥用、数据安全性缺失等结果便是早年对待互联网无忧无虑的心态在公众讨论中逐渐被一种新的怀疑心理所替代。

一方面是无忧无虑，一方面是将信将疑，这种状态描述了当前社会讨论的两极化，这使得在国际层面上关于数据的游戏规则最终需要被重新定义。我们自身对悉心保护我们自己的个人权益责任重大，我们有能力防止数据的滥用，毕竟没有人强迫我们将个人数据公开。

然而，事实上，几乎没有人由于工作原因无法与互联网上的信息和数据交换摆脱干系。人们积极地参与工作和社会生活，如同所呈现的一样，每个人也可以努力减少那些不受期待的副作用。不同的技术可能性、必要的行为模式的改变是各种宣传教育活动的主题。可以确定的是，每一个希望对此有所了解的人，都将寻找到充足的材料，也恰恰是在互联网上。

然而也有一些高级措施能够为隐私保护提供新的可能性。比如弗劳恩霍夫协会的机构开放通信系统研究所（FOKUS）在很长一段时间以来都与劳伦兹·斯坦研究所合作，研究"'数据公证人'总体概念的基础"并且发展"电子安全"，描述"数据公证人"的任务【参见：卢克（Lucke），2008】。

德国联邦政府在 2013 年 1 月创办了"数据保护基金会"。我们在本章的结尾会对其进行叙述。此外，他们在互联网网页上给出了具体的、个人化的数据保护措施，每一个人都能够采取这些措施。

在全社会持续争论并期待新的技术发展的背景下，人们将改变自己使用互联网的行为习惯。每个人都将一遍一遍地对自己重复这个问题，他出于什么原因，要将哪些信息遗留给谁？此外，关于使用的意义或是无意义的讨论将进一步发展，这些讨论还包括了关于数据的总体价值和统计的局限性。

与寻找答案的具体经过和不同的中间结果不相干的是，企业必须迎合人们越来越旺盛的对于数据保护、隐私保护、提高数据安全性及企业可靠性的需求。我们将在第三章"企业中的数据治理"这一标题下再一次看到"信任"这一概念。

2.4 数据意识的等级

承担个体义务对于成年人来说是保护个人隐私的前提条件，成年人有能力积极参与到一般的社会事件中，把握具体场景的复杂性和潜在的危险，进行自我保护。即使保护隐私的自我责任在互联网的使用过程中逐渐移到了讨论的中心位置，我们还是要注意到，数据生产、数据使用、数据滥用以及技术性数据保护的可能性之间的相互关系并不明了，在人们的圈子里也没有表现出同等重要的地位。一些技术层面如今仅仅为专家们所知晓。

因此，在社会上建立起真正的"数据意识等级"是非常有可能的。数据意识在个体对于这种相互关系的认识透彻度上有所区分，那些投身于职业生活的，且常常需要面对这些问题的人会比各种类型的纯粹的互联网商品消费者做起来要容易一些。

"数据意识等级"在个人身上的建立，可以对应地理解为"企业处于走向成为分析型竞争者的路上"，就像我们在第一章里描述的那样。在这方面，大数据呈现出广博的作用：

1. 企业在竞争中，试图将数据分析的能力以及数据保护和可靠性的体现作为竞争的核心要素。

2. 在大数据时代，客户、消费者、公民都被要求有能力保护自身隐私，并且积极向企业提出悉心保护个人数据的要求。

集体和个体层面上的所有参与者都被要求逐步培养起其在 21 世纪中对待数据和技术的能力。在这种背景下，企业必须在未来将它们的商品和以客户为中心的交流方式对准由于不同的信息状况而导致的客户的需求。客户形象越不明确，对于商品的使用就越是不利，企业必须实施更加广泛的措施，塑造和维持企业的可靠性。

在下一段我们将深入探究，对于互联网的漫不经心和无所顾忌会导致"大数据现象"出现，并且揭示其积极作用。

2.5 大数据和"群体"

在本书的撰写过程中，从对于大数据和互联网的公开讨论的议程中能找到一系列充满批判性的议题。与之相对的是，互联网初始时代至今被视为是"数字乐观主义"的时代，一个更有"享乐主义的氛围"（参见：维基百科，Sinus Milieus，2013）。从这些以享受和体验经历为导向的视角看来，"后物质主义怀疑论者"提出的问题是完全多余的，而各种被夸张表述的忧虑也是一种以混乱的阴谋论方式表达的几乎是悲观主义的世界观。

广大人群所持的开放态度对于互联网事业、不断更新的互联网应用和终端的发展无疑是理想化的，而这些发展如今成为了指数型增长的大数据容量和急剧增加的网络连接的基本前提。人们心甘情愿地应用新技术并将大量的个人信息放入信息流中或者公开，这使"大数据基本循环"首次成为可能，并使其渐渐成为热议话题。

同时，互联网一开始便在"社区"的兴趣之中存在着消费之外的、更高级的、全社会的主题，尤其是"互联网的民主化效应"被反复强调。因为全方位的联网和更加便携的终端使得在没有互联网时根本无法想象的交流和合作模型成为可能，由此产生了一个开放的文化，即开放运动，如软件供免费试用（开源）。这项运动由"社区"开始然后继续发展扩大，这样的开源解决方案在大数据中也得到了应用。一部分完整的"大数据堆栈"开源解决方案的产生，使得信息技术结构和企业的的大数据技术融合成为可能。

通过开放运动，充满价值的专业知识可以向大众提供分享。这里典型的例子是 Google 公司的"映射归约算法"，这是一个由Google 公司推导的用于大量数据并行运算的编程模型，是大数据一系列技术构成的重要基础。在 Google 公司的"映射归约算法"的基础上，又出现了如"Apache Hadoop"这样的由 Java 语言写成的、用于分布式运行软件的免费框架，它在大数据的技术层面上扮演了重要的角色（参见：维基百科，Apache Hadoop，2013）。另一个免费软件的例子是"Apache Lucene"，一个用于全文检索的程序库，维基百科的搜索功能就是借此实现的。

鉴于这些例子，对于专业知识经济的潜力似乎不需要进一步说明了，这一潜力是上述技术所具有的，并通过开放运动的思想原则使得其能够被大众所获取。

在 20 世纪末之前的经典思维范畴中，具有这些经济潜力的专业知识被视为每个企业最有效益的资本，在企业内部被发展和建立起来。每个尝试搜集得到这些知识的行为，都被认为是工业间谍活动，并被追究刑事责任。

开放运动的主要动力是反对传统的"分享文化"，也被称为"共享"（Sharing）。20 世纪末出现了分享的观点，其对于企业在经济上的意义已经通过其在电子的盈利模式下的巨大的成功得到了充分的证明。2013 年，汉诺威电子展的主口号也顺理成章地成为"shareconomy"（参见：德国展会，2013）或"分享经济"（Share Economy）。

我们在维基百科上找到的关于分享经济的定义如下【参见：维基百科，分享经济（Share Economy），2013】：

> "分享经济"的概念由哈佛大学经济学家马丁·威兹曼（Martin Weitzman）提出，其核心含义为，市场参与者之间分享得越多，所有人也都会变得更加富有。近来这一概念变得更有意义，尤其是在互联网视角下，内容和知识渐渐地已经不只是被消费，而是在网络2.0技术的帮助下得到更广泛的传播。

这种经济学看法的转变是从19世纪和20世纪工业革命时期的思考模式开始的，到21世纪初建立了"分享经济"。这种转变的成效已被人们所感知，但更大的成效还将在未来出现。因此这种转变可以被称为是戏剧性的，甚至是革命性的。但大多数公众在工作中并不接触此类问题，所以对这种转变也尚无体会。

但公众的看法在内部进行着改变，通过对大数据的广泛讨论，这场由生活中各个领域全方位的电子化引起的社会变革成为越来越多非IT人士的兴趣焦点。"大数据现象"本身也与公众的讨论一同被新技术的发展向前推动，尤其是随着新技术的应用产生的大量数据在全世界的"社区"中传播着。

克劳斯尼彻（Klausnitzer）对于"社区"在这一社会变革中的作用有如下的发现【参见：维基百科，克劳斯尼彻（Klausnitzer），2013】：

> 这些带动我们社会的变革是缓慢的,并与大多数人
> 所认为的不同,是一个从下到上的过程。

克劳斯尼彻结论中的"从下到上"也就是我们所熟知的"自下而上原则"(Bottom-up-Prinzip)或者简称为"自下而上"。维基百科对"自下而上"和"自上而下"(Top-Down)的界定如下【参见:维基百科,自上而下和自下而上(Top-down and Bottom-up),2013】:

> 两个完全不同的思考方向,用于对复杂的事实进行
> 理解、描述和展示。

在"自下而上原则"的框架中,知识的获取源自于对下层的观察并总结为上层的、抽象的、普遍的概念(归纳法),而"自上而下"则是一个与之相反的过程(演绎法),并在第一次和第二次工业革命的体系中占主导地位。"完全不同的思考方向"这个表达毫无疑问地表明,我们在现在这种自下而上的发展中,经历着一次经济上的本质变化以及随之而来的社会思想上的变化。"归纳法"这个概念与数据分析中的数学分析有关,我们将在第八章中着重讨论。

自下而上的视角对于从总体上理解大数据是非常重要的,它是超出纯粹技术要求的"大数据对企业在普遍社会视角下的意义"的中心出发点,我们将在第三章中对其进行

> 提示:
>
> 大数据是自下而上驱动的!

详细讨论。

在此，在进一步思考之前，我们得出了一个前提性的结论。

随着时间的推移，由"自下而上原则"产生了两个新的概念：多数人的智慧和群体智能。它们在媒体中经常被使用并因此被大多数人所熟知。

如果我们仔细思考就会发现，在这两个概念中都存在着自下而上的原则。在第三章中我们会在相关语境中多次用到"群体智能"的概念。

在此处我们想事先说明一下群体智能这个概念，尽管我们想在每一章集中讨论各章的核心主题，但关于群体智能的说明是理解相关各章主题的前提。有了这个说明，我们就可以在后面论述相关内容时对该部分内容进行回忆。

2.6 群体智能

"群体智能"如今被人们广泛地在不同的场合中提及，在讨论中，人们对在不同生活领域使用群体智能这一概念提出了许多建议，目的是充分利用其优点。其中的一个在一般社会领域的例子是公投制度的引入。

在书市上存在着许许多多与这一主题相关的出版物，在这里列举两本仅供参考，它们主要讲述了群体智能的优点，可这并不代表我们的评价。一本是《群体智能：简单的规则如何使解决大问题成为可能》【费舍尔（Fisher）、纽鲍尔（Neubauer），2010】，另一本是《群体智能：在复杂的世界中生活，我们能从动物身上学到什么》【米勒（Miller）、塔普斯科特（Tapscott）、纽鲍尔（Neubauer），2010】。《企业中的群体智能：网络智能是如何促进创新和不断改革的》【参见：梅伊（May），2011】一书则提到了对企业的专门分析。

在媒体中也能找到关于在没有充分准备的情况下使用群体智能的风险的观点，其核心集中于使用群体智能的基本前提被忽视时出现的情况。根据明镜在线网的霍尔格·丹贝克（Holger Dambeck）的观点，在这种情况下会出现"……从群体智慧到群体愚蠢的转变……"【参见：丹贝克（Dambeck），2011】。

而具有"自下而上原则"的开放运动则应被视为群体智能的一次相当成功的应用。开放运动对大数据的巨大意义以及这种现象引起的社会变化，我们将在下文中论述，并将回答成功使用群体智能的基本前提是什么这个问题。

要在解决问题的过程中从群体智能中获益，至少要满足以下前提：

1. 所有参与者都应能够获取解决一个具体问题所需的所有相关信息。

2. 所有参与者应有动力去为这个整体（例如一家企业）寻找解决问题的最佳方案。

3. 参与者之间不能相互影响，这也意味着在寻找最佳解决方案的过程中，参与者不能了解到中间状态，否则会使参与者因为群体动力学的原因变得不独立并不可避免地影响到最终结果。

第一眼看上去，这三个基本前提对于群体智能的成功使用显得并不重要，但在企业的具体环境中却是充满现实意义的。下面针对企业中群体智能的使用对这三个前提进行进一步阐述：

1. 第一点，准备好所有与解决问题相关的信息对于企业来讲是一个很大的挑战。由此产生的与一个主题相关的透明度并不是所有参与者都希望的，因为它可能产生内部的阻力，损害共同的目标。除此之外，主题本身和与其相关的信息都必须与其他的主题清楚地分离开。考虑到在企业的复杂流程中所有事物之间都会有关联，所以要实现这一要求并不简单。

2. 对于第二点，在某家企业中工作过的每一个人都会有过这样的体验，那就是并非所有人都在向着同一目标努力。个人利益与集体利益并非永远百分之百一致，而在追求个人利益的过程中，人们首先会忽视应受惩罚的行为。仔细观察我们就会发现，当某些企业出于最好的意愿给予其员工安排日常工作时，企业中会存在一定的观点、想法、方法。但这样的环境也存在着很大的人际冲突的隐患，所以企业要求员工要有好的社交能力。

这个基本前提也并不容易实现。

3. 对于第三点，这一前提单独看来似乎相对容易实现，但与第一前提结合，就会发现这仿佛是群体智能的成功使用中本来就存在着的一个目标矛盾：一方面，根据第一点的要求，在解决一个具体问题时所需的所有相关信息都要可用；另一方面，第三点要求信息要被保密（至少是在寻找结果的过程中）。

因此，第三点对于管理和领导工作就显得极为重要，也对想要使用群体智能优势的企业提出了极大的挑战。考虑上述可能的矛盾和由此最终引起的内部阻力，信任在其中起到重要的作用。

那些以开放运动的原则和与之对应的合作模式为基础建立并壮大的年轻企业，在这时会相对轻松一些，而那些具有传统的领导原则和相对固定结构的企业，或是那些拥有较高管理权力的大企业，则似乎只能在坚实的管理层的领导下施行必要的变革，这个管理层中要拥有目标明确的通信管理层，以便用于解决内部矛盾。我们会在后续的不同章节中再次回到这一视角。

在本章我们还要继续讨论开放运动的其他方面。在开放运动中群体的成就早已远不限于信息技术行业和软件的免费使用，还延伸到了一般社会领域，开放运动在社会领域中"自下而上"通过"社区"得以保持并成为一种需求。这一事实除了对开放运动的纯技术的提高，而且对于大数据作用的理解也颇具意义。

2.7 大数据和"开放运动"

对于"共享"和"共享经济"，我们已经在之前的章节里面有所探讨，这项运动对企业的经济问题有直接的涉及。这种"开放运动"有着另外一面并且对于全社会而言意义重大。它对于企业的意义，在于人们日常生活方式所经历的剧变，以及人们在企业中作为员工带来了更多原则。

这些运动中的其中一部分我们将在下文简要叙述。

1. 开放数据

开放数据意味着大部分公开数据的自由支配和使用，这一思想的开端可以追溯到共享经济思想。当数据可以为所有人自由支配时，数据就会在全社会达到它最大的效益。基于这一思想的理解，公共数据通常是有益的，而且不允许在其使用时设置任何限制。

科学共享组织（Science Commons）的首席执行官约翰·威尔班克斯（John Wilbanks）在他关于开放数据的讲话（德语版翻译）中讲道：

许多科学家有一个误区：在如今这样一个历史时刻，我们有技术能够支配世界范围内的学术数据并且进行分

工合作。我们花了时间，就要对数据进行保密，这阻碍
了先进科技的开发。

威尔班克斯强调了可支配的技术为人类文明的发展提供了机
遇，并批判了将信息保密化的思维方式。开放数据运动促进了这
种局限思想的改变。

此外，开放数据运动引发了更多的内容风暴。

2. 开放教育

开放教育致力于将学习资料和教育置于人人皆触手可及的互
联网学习平台之上，人人皆可使用。

3. 开放内容

开放内容指的是人们能够免费使用和加工内容，这一行为并
不触犯著作权。开放内容致力于创作人和使用权的所有者将著作
置于免费的许可之下，从而他人可以自由支配其内容。

开放运动的主题划分最终将归结为一个更高级的目标，该目
标诠释了全社会掀起这场运动的终极要求，那就是"开放政府"。

4. 开放政府

关于这一概念，我们需要对群体智慧以及政治这个广阔领域

中的开放运动进行思考。我们根据我们的立场在本章开头便已经
直接放弃了这一点，然而为了其完整性，这里还是提出一个定义。
该定义论述了网络 2.0 与技术层面上的主题直接相关。网络 2.0 由
于其能够进行互动，故而在"大数据现象"中功不可没（参见：
维基百科，开放政府，2013）：

> 开放政府是打开政府、管理人民和经济的同义词。
> 这可以促进透明度的提高，参与度的提高，合作效率的
> 提高，鼓励创新并且巩固整体利益。

紧接着提到开放政府的，便是在涉及自由支配数据和内容的
公共讨论中，自然、法律问题也得到了诠释，尤其是著作权和专
利权，以及对它们的经济利用。这种讨论规模很大，且一直未曾结束。

然而这种社会性的讨论发展到如此情形，是当今社会发生广
泛剧变的重要证据。我们所有人和企业的内部、外部关系都会涉
及其中。

2.8 社会商业和社会企业

在开放运动及与之相似的原则和思维方式的影响下，人们

从他们自身扮演的不同角色出发，如客户、消费者、企业员工或者公民，产生了日益增多的社会和道德问题，也有经济方面的问题。

通过这些技术上的交叠，社会整体事件的发展与大数据的环境有关系，且必须从这个角度视之。此外，企业根据传统商业的原则进行运作，通过社会商品区分开来，与社会商业类似，也可以被称作"社会企业"。

> 提示：
>
> 就像在开放运动中一样，我们在这种关系中注意到，这些主题一部分作为大量数据的现象而与大数据产生了联系，因为它们所代表的社会文化变迁，很大程度上是由于大数据典型技术的使用而形成于世的。

"社会商业"的概念是由穆罕默德·尤努斯提出的。尤努斯是微观金融的奠基人之一，也是发放小额贷款的孟加拉乡村银行的创始人及曾经的业务领导。他提出的概念表明，企业应该解决全社会的生态问题，其最高层次的目标便是使资本主义能够面向未来。因此，社会商业在21世纪初致力于解决其中的核心问题。

2.9 德国联邦议会"互联网和数字社会"研究委员会

大数据及所有与之相关的主题的社会意义在更高的政治层面

上也渐为人知，这反映了一个事实，德国联邦议会在 2010 年 3 月 4 日一致决定建立德国联邦议会"互联网和数字社会"研究委员会（参见：德国联邦议会"互联网和数字社会"研究委员会，2010）。该委员会的 12 个工作群体显示了该主题的多层次性：

1. 教育和研究。

2. 数据保护和个人权益。

3. 民主和国家。

4. 国际和互联网管理。

5. 协同工作、免费软件。

6. 文化、媒体和公众。

7. 媒体能力。

8. 网络中立性。

9. 著作权。

10. 消费者保护。

11. 经济、工作、绿色信息技术。

12. 网络入口，结构和安全性。

"大数据"这一概念在这一列表中自然没有具体呈现，因为在大数据环境下，根据我们所信赖的结论，这只与全社会广泛变革之中的技术现象有关。

该委员会的所有职位都是公开的，而且将以直播形式呈现在互联网上，这一事实还反映了互联网民主效应的具体运作模式，以及广大公众所要求的公民参与，这些我们在关键词"从上到下"

中已经描述过了。此外，该委员会还在互联网上设置了一个参与平台，点击链接 "http://enquetebeteiligung.de"（状态 2013 年 10 月）就能够访问。然而在 2013 年 4 月 5 日该委员会的工作结束之后，参与可能性也就不复存在了。在该参与平台上，每一个感兴趣的人都可以参与写工作文件，并且建议行为模式。所有已经完结的主题都在参与平台上以文本形式存在，进入委员会的最终报告中。

议会任命调查委员会在最终报告的第六章"展望"中确定（参见：德国联邦议会"互联网和数字社会"研究委员会的最终报告，2013）：

> 调查委员会的工作清晰表明，社会数字化所带来的改变是深刻且不可逆转的。它的影响可以与 16 世纪工业革命带来的社会大变革相比拟，或者可以与 16 世纪印刷术的发明相比。

报告进一步指出：

> 德国联邦议会"互联网和数字社会"研究委员会设立之后，网络政治和社会数字化成了议会讨论的常见主题。它们在政治上不再是昙花一现的状态。

2.10 德国政府的"大数据保护基金会"

德国联邦政府在内务部的主持下，在 2013 年 1 月作为创始人建立了"大数据保护基金会"，促进了互联网时代数据保护和个人责任感及世界大规模数字化的政治主题。根据德国政府在 2012 年 6 月 6 日的议案提要，设立该基金会的意义更加明晰（参见：德国政府，印刷物 17/10092，2012）。

德国联邦议会确定：

在德国联邦宪法法院将基本法中的"信息自决权"这一基本权利作为公民的基本人权确定下来之后，在未来超过 25 年的时间里，社会、经济和技术发生了剧烈的变化。信息社会向数据保护提出了新的挑战。技术的急剧变化，尤其是世界范围内的网络化和数字化要求新的答案，国家法规由于跨国界的数据处理而遇见了瓶颈。因此，现代的数据保护除了设置现代的数据保护法以外，也要选择另外的措施，从而确定一个有承载力的面向未来的数据结构。

公民、企业和国家必须参与到这一全社会的任务中。每个人自己进行数据保护，进行经济上的自我调整，从而为数据保护和经济的可靠性贡献一分重要的力量。通过经济上的参与，该数据保护基金会有利于达到个人和国家的数据保护认可的共识。

该基金会在其互联网主页上发布了关于个人数据保护措施的具体建议，以及许多转到相关保护技术的页面链接。

"大数据"及在大量数据现象基础上形成的"世界数字化"的社会意义毋庸置疑，因为上文叙述的问题和措施都上升到了很高的政治层面。

然而，这个让全社会都饶有兴趣的主题进一步详细化却打破了这一框架。

谁想要深入研究德国政治和欧盟层面上世界数字化的相关活动，我们推荐查看附录 B 中的相关链接。

第二章总结

◆ 大数据是自下而上的推动。

◆ 从"自下而上"这个角度看，大数据包含了另一种含义，即技术发展赋予了大数据集中型的结构，与大数据紧密相关的科技在此提供了许多深远的技术可能性。

◆ 从整体上看，大数据是变幻莫测的社会变化产生的一个效应。这种变化是由各个生活领域大规模的数字化推动的，没有人能够全身而退。

◆ 当前关于大数据和世界数字化的公开讨论改变了公众关于互联网使用和隐私保护的意识。

◆ 这种已然改变的意识导致了产生的行为规则和期待也发生了变化，人们扮演着不同的角色，如客户、消费者、员工和公民，如今也向企业和国家机构提出了新的挑战。

◆ 在这个过程中，经济层面上的道德问题也日益获得关注。

◆ 这一系列的主题由于其广泛的社会意义，在更高的政治层面上也日益获得关注。

◆ 该整体状况对于企业内外关系中的相关主题有着直接的影响。

第三章　企业中的数据治理

本章内容：

- ◆ 大数据和企业文化
- ◆ 社交软件与企业 2.0
- ◆ 大数据和客户关系的转变
- ◆ 大数据——战略和管理
- ◆ 处于变革中心的企业
- ◆ 大数据和商业世界

大数据能否成功获得全面整体的理解，这一点对于企业在大数据的背景下能否成功有着关键性意义。因为，只有一个整体的、超越技术层面的对于大数据的理解，才能符合这个复杂多层次的主题，并且才能为发掘存在的潜能、达到宣传的目标作出贡献。

　　这种对于大数据全面的理解必须归结到一种企业层面的大数据战略下，在这个基础上我们才能将这个主题在组织上、程序上、技术上，以及思想和文化上融入这个企业。

　　一项为这个目标量身定制的改变管理，并结合一种特别的针对每个企业的交流模式都是这种策略的必须组成部分，这样才能融入现有的结构当中。

　　真正具有划时代意义的转变最终都会涉及一个方面，人们普遍会将其形容为一个不是很容易理解的概念，即"企业文化"。这个话题我们会在下个段落中进一步分析。

> 重要：
>
> 　　大数据不仅仅是一个企业进程，更是一幅镜像，它反射出的是由数字化世界所推进的社会与文化变革。对于企业和社会机构来说，我们扮演着客户、消费者、员工以及市民的角色，我们也由相对的、时刻变换着的需求而慢慢融入这个变革中去。

3.1 大数据和企业文化

为了弄清楚以社会变革为基础的大数据对企业所产生的影响，首先，我们必须对于这个一眼看上去就意义模糊的"企业文化"做一个大概的解释。这里我们再一次借鉴了维基百科上的一个定义，在我们看来，这是一个对于集体智能成功运用的好例子。这个定义将企业文化解释为组织文化的一种特殊形式（参见：维基百科，组织文化：Organisationskultur，2007）。

> 组织文化指的是组织内在的文化价值模式的形成与发展。在企业中这种现象也被称为企业文化。

在这个定义下的个体企业文化还特别包含以下几个方面：

1. 领导方式。
2. 员工之间的关系。
3. 内部合作的方式（合作模式）。
4. 内部沟通（沟通方式）。

5. 决策方式。

6. 支持合作、沟通和决策的技术基础设施的价值。

7. 对于内部矛盾及政治矛盾的处理（争论文化）。

8. 与客户、供应方和其他外部合作者的关系。

企业内部的每一项活动都是受本企业的企业文化所影响的，企业所有员工对于自己的企业及对企业文化拥有共同的理解，这是企业能够达成共同目标的关键性因素。结合上文所提到的定义，请特别注意：企业文化这个概念涉及一种"现象"，它描述的是企业的"文化价值模式"，企业文化是企业能够达成共同目标的关键性因素。

通过以上内容，我们可以清楚了解到，往往只有一种难以理解的方面如"文化价值模式的现象"，对于企业的成功有着决定性的影响。

我们把这种关联的必然性从如下这个角度记录下来：

在之前所描述的文化和社会变革的大前提下，在大数据现象的基础上，企业的员工们会越来越多地以"文化价值模式"为话题展开讨论，他们会认为企业文化的价值在企业的内在结构中并没有完全地被重视。

> 重要：
>
> 文化的价值模式被描述为企业文化，它对企业能否成功达到企业目标起着至关重要的作用。

在大数据与纯粹技术之间，大数据往往会有一种更加复杂的现象，因为在真正的技术创新后，其商业运用才是重点。上文已经提到我们全面理解下的大数据和世界数字化，有延续工业革命的潜力。单单是网络是不会有这种潜力的，以前不会，现在也不会，因为网络在整个事件下仅仅起到了传递信息的作用，但仍不能带来质的转变。

作为连接全世界的平台——网络和现代终端设备的共同发展，让那些我们日常生活中想都不敢想的沟通方式变为可能。但是，这仅仅只能用来描述大数据的现象，还远远不能提高其潜力。就算到了这种程度，我们仍处于纯粹的技术层面。要提高大数据的潜力，还有最后一个步骤是至关重要的。要完成最后一步，我们必须满足一项要求，这个要求我们早在"商业智能"（BI）和"公司业绩管理"（CPM）中遇到过。

早在几年前，"商业智能"这一概念就曾这样表示："商务和 IT 最终必将共生。"在这一层面上，关于大数据和商业智能之间的区分，我们会在下一节"大数据——战略和管理"中继续探讨。

> **重要：**
> 为了提高大数据的潜力，技术能力应该与现有的经济与社会竞争力共同发展。

对此，我们想首先表明，为了能创造真正的商业增值，我们在企业中使用大数据时，必须时刻注意文化和社会变革所带来的影响。这样，一个企业的文化才能鲜明地表现出来，因为企业文化能够使企业的竞争力变得突出，并且得到发展。从而，大数据的各个方面才能融入企业中，并且提高企业的潜力。最后我们想强调，这种能力正是企业能否适应 21 世纪要求的能力。

> **好消息是：**
> 完成这项要求的机会是很大的。

由前面几个章节中反复引用到的"社区"

这一词可以得知，其中无数社区的发展都支持企业具体地将上文所提到的要求付诸实施。通过"社交软件""社交商务"及新兴的智能合作模式（智能合作），一家企业就会逐渐升级为"企业 2.0"；同时，也借此为充分利用大数据铺下了基石。这到底对于员工和企业意味着什么，我们将在下一个节中一探究竟。

3.2 社交软件与企业 2.0

"社交软件"所指的是软件工具，它通过一个主题将所有的员工进行联合，为企业的某些大事件起到推动和支持作用。社交软件的投入使用是体现企业 2.0 的基本之一，它的目的就在于优化企业内部的团结合作。当然，处于中心地位的首先是企业内部的交流沟通，这些对于知识交流（维基百科、博客）也会有很大的帮助，并且也会在一些外部沟通中投入使用。

在一些企业中甚至出现了这种要求：在企业内部提供一种"企业内部的 Facebook"。因为越来越多的员工已经表达出这种愿望，他们想在日常工作的时候，能够通过他们的私人笔记本电脑与其他同事相互沟通。企业从这种现代科技中获益，而员工们私下早就掌握了这种对于现代媒体的利用。从这方面而言，我们可以说这是一个由企业员工所推动的（自下而上的），使个人生活与工作两个领域交汇到了一起。

社交软件的投入使用能够优化工作进程，对于这一点而言，格外重要的一个证据就是它能够使员工获得更多的机会去获取信息，并且能够实行普遍的知识管理。社交软件利用的是互联网机制（搜索引擎），通过它，一个原本具有重要普遍社会意义的话题就会出现在实际的企业日常工作中。

"企业 2.0"的概念包含了这种实际可操作的方面，另外也包含了社会发展与企业的一体化，以及企业文化的全面性变革。我们所说的重点还是在第二章节中讨论的，对于这种自下而上理论的反应，尤其需要注意的是企业中的科层制和决策机制。

在《企业 2.0：计划、引导以及社交软件在企业中成功投入使用》一书中，作者亚历山大·里希特与米夏埃尔·科赫将重点放在了企业文化的改变。这一点对于企业能否发展成为企业 2.0 必不可少（参见：Koch & Richter, 2009）。

企业 2.0 意味着既要将网络 2.0 和社交软件的概念理解透彻，也要尝试将其转化到企业的团队合作当中去。

除了某些原因，比如说员工对自己企业的要求，他们希望在日常工作中重新发掘企业普遍可用的文化成果，当然还有另外的，在企业具体大环境下的能够使企业 2.0 化的原因。我们在这里谈其中的两个原因：

1. 强化以客户为中心的模式必要性。只有这样，如今那些被客户们所使用的媒体，如互联网，才能以相同的方式在企业内部以及与客户的直接对话中派上用场。

2. 直接将以客户为中心与革新这两个元素重新组合起来的必要性，这也是直接由大数据的自身活力高度所产生的要求。

关于企业 2.0 人们还需知晓两点：

1. 社交与商务一体化。这个主题的聚焦点是企业 2.0 的基本准则与企业文化的一体化，并且特别向企业员工对于行动模式的接受程度以及过程优化的潜力提出了疑问。

2. 智能合作。从基本来看，智能合作就是成功的企业 2.0 一体化所追求的结果。其概念是在个人、组织和过程层面聚焦方案与知识管理的行动模式。我们可以从管理和企业文化的角度发现，智能合作要求的是平行的等级制度以及沟通、协作良好的团队，并且在拥有高额所有权份额时能够有成本意识地去操作，而不是成为一个成本或利益中心。

以企业 2.0 的要求为前提，并且管理者们在这个大数据主题下面临了新的角色，我们将会在"大数据——战略和管理"一节中谈论大数据管理。

我们要在下一节中首先讨论的是在大数据的影响下，客户与企业的关系是如何转变的，以及上文中提到的企业 2.0 的特性有哪些意义。

3.3 大数据和客户关系的转变

毫无疑问，以客户为中心是 21 世纪全球化及市场部分饱和的趋势下企业获得成功的关键。不同生产商生产的产品已经变得通用，并且往往只是在一些小细节上有所不同，而且许多情况下，这一点对于消费者在决定要不要购买这件商品时并不重要。结果就是，在科技革新所推动的以产品为导向的时代过去之后，对于企业操作来说，每一个顾客及他们个人的需求就变得越来越重要。

销售和市场通过利用所有能够得到的信息资源，从而投顾客所喜好，这一点基本上已经不是什么新的手段了。然而，通过大数据和企业 2.0，我们就能在一种新的范围内提升以客户为导向的可能性。在这个场景下，现代的通信技术建立了全面以客户导向为中心的企业 2.0 的核心。

企业 2.0 就在这样一个新兴媒体的世界中邂逅了自己的客户，两者在这里以一种确切的方式交流，通过这种方式，它们相遇的每个（虚拟的）地点都充满了文化的色彩。这种与客户相遇的方式当然也要求每个员工在自己的环境中移动并且掌握其交流的语言。

企业 2.0 对于企业来说有一个巨大的好处，就是它们完全不用先去动员它们的客户，比方说用 Facebook 与他们建立联系。更确切地说，那些时髦的、成熟的客户是自己要求与企业更加直接地联系，并且希望企业能够提供他们直接联系的机会。这在整个过程中标志着"自下而上的推动"，也意味着持续的以客户为导向对于技术创新、价值创造及商业模式是有巨大潜力的。关于这一点，我们会在后面几个章节作研究。

企业还从来没有拥有过这么大量的详细信息，其中还有一部分是个人信息，并且这都是客户自己通过现代科技和媒体上传的，这种科技进步将会一直发展并且有机会为我们打开一个全新的前景。但是，科技的进步在企业战略和行动模式的执行连贯性上也有比较高的要求，因此我们才能有目的地建成一片机会的海洋。当人们将以客户为导向的实际框架条件摆上台面时，这其中的要求就一目了然了。

3.3.1 现代化的客户掌握选择权

如今，现代化的客户在许多方面都有一套完整的选择方案。在许多情况下，客户在饱和的市场环境下会尽可能地方便自己。互联网为客户提供了各式各样的了解产品和企业的机会，并且能够与其他已经拥有具体产品的客户进行交流沟通。比较门户类的网站是具有经济前景的，它没有实际供客户公开可见与可评价的品牌和产品。

相较于以前客户与企业关系的状况，客户如今具有一种全新的影响力，而这种影响力首先是由新媒体带来的。因为新媒体允许每个独立的个体对产品、服务及企业与客户的交流接触做出细致的反馈。而且对于所有其他的市场参与者而言，个体所发表的反馈也是公开可见的。

互联网如"病毒"般的传播效果，即社交网络的功能，能够以很高的速度在大范围内传播每个个体的看法与观点。这些都有利于"社区"在最短的时间范围内对一种产品或者整个企业形成看法，并且通过群体动力学机制（趋势的自主性）使自己增强普遍性。

然而，这在另一种情况下也起作用，就是当人们对一种产品产生负面印象时，事实上这种负面印象是完全没有根据的。由于某种原因，再加上网络对相应信息的传播，就会削弱一些企业在市场上的影响力。这也是新媒体给个体带来的权力受到运用后所产生的可能性。

在上文提到的"市场参与者"并不单单指客户，也包含与所涉及的企业有竞争关系的其他企业。因为这些企业可能会鉴于自身的利益，来分析那些个体客户所发表的意见以及最后在"社区"中成形的想法。这也意味着，这种为了呈现出大部分人群的某种想法而产生出某种特定产品的"病毒传播过程"，有可能要研究一下内在的自动性。

企业也必须自己去了解，新媒体及其产生的大量数据（大数据）最后呈现出的是哪种作用力。而且企业也必须从全面、整体的角度去考虑，它们要如何去应对这种作用力。在这里，必须像上文中所表明的那样，我们尤其要从交流模式的层面，重视在完全不同环境中所产生的、关于这方面的文化观点，这种文化观点对于所涉及的企业，是至关重要的。

如今，以客户为导向这个因素变得日益重要，一种与客户影响力相关的战略必须还要考虑到一个更加长远、重要的方面。因为这些通过新兴技术所传递给客户的巨量信息也具有一种完全相反的作用，在上文所叙述的关联中已经暗示过这一点：企业也会变得更加透明。基于这个事实，企业 2.0 必须由此建立起来。

3.3.2 透明的客户，透明的企业

有了现代化交流技术的介入，客户在透明的企业面前也是透明的。举个例子来说，互联网不仅让企业对客户有更多的了解，也让客户在评价一家企业及与这家企业互动并作出决定时，有了新的选择权。这种新的选择权会让企业在数据保护或者服务质量上忽略客户利益时获得市场的惩罚。

有时我们会发现新媒体，如社交网络，在形象优化和销量推动方面的影响看起来完全是矛盾的。因此，企业应该仔细地考虑清楚，它们到底想用自己企业的 Facebook 达到什么目的呢？在这种情况下，一种作为社交媒体市场基础的全面社交媒体战略显得极为重要。一家企业在社交媒体方面的行动措施，是否与企业的全面战略及沟通模式相互融合，这个问题对于企业在社交媒体市场能否成功极为关键，并且对于其在这一领域的投资安全性也有着决定性作用。

另外，我们在上文已经提到过的一个更长远的方面，在此也

同样对企业成功有着至关重要的意义。这就再一次涉及到了文化的方面，它对于企业形象的影响，用"很大"这个词来描述是完全不够的。这里所指的就是在网络中与客户相遇的虚拟地点的场景，也就是其文化特色。

"透明的企业"最终是因为两种客户的实际能力而产生的，这两种能力是由新媒体提供给客户的：

1. 能够对产品的性价比、质量与受欢迎程度以及企业服务作出一个概括性的评价。

2. 能够获得对于企业文化的深度认识，以及了解企业对于客户的交流与看法，还有企业对于社会上重要话题的看法。

就如我们在第二章以及前几个段落中所探讨的那样，如今，这第二个方面在客户做消费决定时，并且尤其是在持续的品牌优先发展方面扮演的角色越来越重要。

关于这点，另外一个话题也显得尤为重要，即第九章"大数据和互联网时代的市场营销"，特别在"伪造成为营销工具——互联网中什么是真实的"这节中我们会再作一次探讨。其中我们会讨论到企业对于所谓的"虚假账号"的利用，它们通过此类账号在社交网络上发表文章，借此来塑造一个积极的企业及其产品和服务形象。而这些账号代表的不是真实的个人，他们发表的言论不是从他们真实的个人角度，而是由企业员工发表的。

如果不从伦理的角度上去谈论这种行为的话，那么有一点可以肯定，企业一定会要求这些深知自己处境的员工，他们所发表的文章不能有任何企业所不希望出现的副作用。有一家来自科隆并且擅长社交媒体市场写作的代理机构，在一篇名为《社交媒体沟通——使你们变得轻浮》的博文中写道（参见：布拉班斯基 Brabanski, 2013）：

> 当谈及社交媒体，人们就会说其实是改变想法。由于传统市场营销的规则，社交媒体市场营销通常很难实现，还有一部分是完全实现不了。这一点首先反应在交流的层面上，也就是社交媒体在市场营销最重要的地方。

布拉班斯基在她的文章中提到一家大型快餐连锁店的案例，其员工总是用他们自己的账号，并且以一种非常引人注目的、积极的方式夸赞自己的企业。而"大数据社区"却总能够轻易地辨认出这种笨拙的市场营销手段。她公开批评了这家企业，并且指出了所有可能产生的负面影响。由这个案例，布拉班斯基发现：

> 企业员工们似乎不了解，隐藏在社交媒体背后的到底是何种力量。在绝大多数情况下，想要隐瞒和伪造是会被发现的。这种情况会被视为糟糕的社交媒体沟通的典型案例。

我们在这节中所讨论的中心，就是社会变革及社会文化转变的作用，还有它对于企业文化、战略及客户管理的影响，并且我们可以断定，互联网对其有一种民主化的影响，这种影响能够令那些现代化的、成熟的客户在一个较高的高度上与企业打交道。我们会在接下来的章节中看到，这个事实在许多方面依旧有深远的影响力，尤其是在革新、价值创造及商业模式方面。

3.3.3 数据保护是竞争要素

在现代化的、成熟的客户与企业打交道过程中，最重要的一个要求就是企业对于客户个人隐私的保护。如我们在第二章中提到的几个例子中的措施和事件，它们促进了全社会的讨论及对于如数据保护和互联网时代的所有权等话题的公开讨论意识，也早就改变了客户的处事方式，并且让人们对企业产生了新的期望。这种期望在进一步发展的过程中会逐渐变成对于企业日益严苛的要求，这种要求在客户做具体的购买决定时也变得越来越重要。

一家非常重视以客户为导向的企业，必须在这种状况下，将其客户视为一位可信任的合作伙伴。这种必要性，是在技术发展及随之而来的社会和文化变革下产生的，并且体现在企业和其客户的关系中。在这种情况下，一些传统价值，比如说信任，在客户关系中就变得愈发重要。从这些角度看，一种没有缺点的产品供应早就不能长时间地吸引客户了。

在实际的场景中，良好的客户关系和客户的品牌忠诚度不再会因为企业之前的成功销售而自动产生，而是企业必须在每天的营业过程中持续地去争取，并且长久地维护下去。企业必须在与客户的打交道过程中为客户持续提供新的证据，表明客户在企业身上投入的信任不仅在产品和服务质量上，还会在尊重客户方面得到保障：每一位员工都会尊重每一位客户，无论对方是什么样的角色。

这种尊重不仅表现在一贯的以客户为中心和直接与客户打交道时表现出的服务态度上，也直接表现在遵守对于客户个人隐私保护的承诺这一方面。这种要求不仅针对客户交流最明显的销售网点（POS），同样也针对企业交流的所有层面，因为这些交流会被放到大众的视线下。

在这种情况下，企业和客户之间的关系形成了一种模式，鉴于其意义必须将其深深地印刻在企业的文化意识中，从而成功地塑造持久的客户关系。图 3.1 简要地说明了模式。

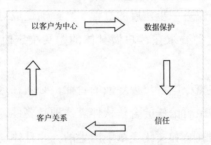

图 3.1　大数据时代下客户关系的封闭循环

在一项"不引人注意的数据担忧"的研究中，来自 Horizonte.net 网站的圣地亚哥·坎皮略 – 伦德贝克（Santiago Campillo-Lundbeck）发表了一篇文章，名为《大数据：用户何时才能着手与企业分享个人信息》，研究结果如下（参见．Campillo Lundbeek，2013）．

1. 88%的互联网用户不愿意自己的网上行为被追踪。

2. 75%的用户希望企业不要备份用户的任何个人数据。

我们从这个角度出发分析：

在第二章之后，我们在此第二次提到这种传统价值，比如信任和意义的增长。

> **重要：**
>
> 在全社会变革的背景下，客户对于个人隐私保护的要求越来越高，如信任和尊重这一类的传统价值变成了决定性的竞争要素。

3.4 大数据——战略和管理

在第四章中，我们将会通过集中探讨技术方面的问题，对 IT 技术及 IT 结构可能发生的不可避免的变化提出问题，从而帮助读者区分大数据和商业智能。

3.4.1 大数据管理 VS 商业智能管理

人们第一次接触大数据时总会误以为大数据是之前总结过的"商业智能"（BI）的单纯扩展。大数据在整合商业智能纯技术

的扩展方面显然没有太大的提升，像大量数据融合、数据结构更新、
储存方式与系统还有内置记忆技术的深度扩展等技术。

　　我们从全面的对于商业智能的
理解出发，与大数据的必要条件作比
较，才能最好地弄清楚商业智能和大
数据的关联。首先让我们仔细阅读一
下维基百科关于商业智能的定义（参
见：维基百科，商业智能，2013）：

> 提示：
> 　　我们所有的思考分析
> 都是以对大数据和商业智
> 能的整体性理解为起点的。
> 一个项目可以单方面地钻
> 研技术，但这绝不会是大
> 项目。而从整体分析来看，
> 商业智能和大数据创新一
> 直是由范围非常广泛的非
> 技术部分组成的大项目。

> 　　狭义上商业智能被认为是
> 数据收集的方法学，广义上人们
>
> 认为商业智能是管理基础的集合，比如知识管理、客户
> 关系管理和综合评分卡，这些管理包括过程导向的概念
> 理解、长期的数据维护和对变化环境的适应性（战略组
> 合）。商业智能的研究是指在商业智能的大背景下将研
> 究策略、过程和技术进行融合，从分散的、参差不齐的
> 公司市场和竞争对手信息中获得对形势、潜力与前景的
> 认知。

　　这里面"……管理基础的集合……"和"……从分散的、参
差不齐的公司市场和竞争对手信息中获得对形势、潜力与前景的
认知"的叙述把商业智能的关键点说得很清楚，它首要的关键点
并不是技术的投入，而是通过带有目标的管理方法从资讯中得出
有用的信息。在这里，合适的技术使用虽然是必要的，但不是一

小充分条件。

商业智能和大数据的关系类似于管理和技术之间的联系。对于商业智能来说，仅仅是组织流程方面的非技术性挑战，加上改革管理和沟通管理，还有诸如企业文化和政治等方面，都是符合企业积极主动性的关键成功因素，这一点是没有争议的。在商业智能的大背景下，一家以 IT 投入为开端的企业所开展的一切活动必定会导致失败，因为商业智能并不是技术或者单纯地使用技术，而是融为一体的企业流程。

许多企业在过去囿于一种从原始的技术层面对商业智能的理解，这种理解很容易陷入一种对于技术的（错误）投资，从而导致缺乏增值效率的状况（没有投资回报率，把 IT 作为成本动因），陷入对技术（错误）投资的恶性循环之中。实际上，随着时代的更迭，信息技术的复杂性也在不断升高，与此同时，真正影响企业成功的障碍却没有被攻克，商业面临着自身的挑战。随着竞争不断加剧，商业智能对企业提出了更多更复杂的要求，许多公司在当下应对商业智能也就面临着越来越大的挑战。其中最大的挑战就是必须同时解决三个任务：

1. 专业性和技术性的组织流程，能够正确引导可测量的商业增值。

2. IT 结构的可持续加强整合。

3. 对于日常商业活动最理想的支持。

IT 经理面临着持续增加的成本压力和 IT 投资回报必须盈利的

要求，还要找到"IT能在创造价值方面作出什么贡献"的答案。这些经理人在这样的背景下正陷入一种陷阱，即一种商业智能陷阱：在成本下降和目标盈利能够达到的情况下，基于历史他们无法为紧急必要的整合措施腾出预算和时间，这就是一种恶性循环（参见：巴赫曼＆肯珀，2011年第二版）。

> 重要：
>
> 　对于最新技术的使用是大数据创新能够成功的必要非充分条件。但大数据与商业智能在公司的专业层面又有所不同。

这种从初始状态就有的复杂性不仅带来了新的挑战，也为大数据增添了一层额外的维度。因为随着复杂性上升，技术层面和公司的专业层面也联系得更加紧密。因此对于第二点，全社会性的变革也起到了至关重要的作用。这一点我们在之前的章节详细地讲过了。大数据在客户管理、市场战略、价值创造和商业模式等方面发挥着深远的作用，而这些都必须有IT的支撑。

> 重要：
>
> 　大数据战略和管理层面提出的要求首先不再是内在的关联，而是从长远地看社会变革进程和深入对社会文化的影响。这两点企业必须注意，才能发展到企业2.0并成为一个分析型市场竞争者。

在技术层面能够确定，大数据也有与商业智能的一致性。

大数据拥有复杂的交互依赖性，正经历着巨大的价值增长。这也就产生了一种竞争。

在这样的背景下，同时考虑到在第二章和这一章所提到的关联，大数据中也会存在一些过去的模式。在这些模式中企业非常容易忽视员工的日常事务，也不能持续地激发员工潜能，导致企业离成功越来越远。

传统的"自上而下"模式有典型的运行纲领和决策机制，这使得员工虽然有很高的基础动机但却会选择退缩，以至于这些员工广泛地缺乏个人主动性和创造力。员工个人的主动性和企业 2.0 在很大程度上取决于员工自愿地积极参与，这对于企业大数据实现融合统一是非常重要的。因为，大数据的潜能最终不是简单地通过新技术投入来显现的，而是需要通过有层次的组织流程、企业文化等来显现的。

> **重要**
>
> 由于社会变革进程和对社会文化的影响加深是"大数据现象"的一部分，许多公司开始加入具有高度活力，高变化性的竞争当中。

要想企业在处理大数据方面有作用，就得满足以下两项基本要求：

1. 融入自下而上推动的改革进程中

（1）企业员工在企业中和企业外的角色各不相同，他们直接参与大数据现象；

（2）许多由于企业交互依赖性所产生的结果会由于员工的自身经历直接在员工身上体现；

（3）基本的大数据技术在公司当中应该对员工开放；

（4）企业和社会的相互影响是大数据有别于商业智能的重要特征；

（5）"我们每一个人既是数据生产者又是数据使用者"，这一事实在隐私保护、产品关注两方面有重要的意义。

2. 指导内部改革进程

（1）之前提到的策略性整合是一种管理任务；

（2）大数据行动模式产生的并不是像人们从计划纲要中了解到的那些自下而上或自上而下进程的优化交集；

（3）更确切地说，大数据要求建立一种运行机制：一方面所有的活动必须协调合作；另一方面合理利用自由空间来唤醒企业中个人未被发现的潜力，包括个人创造力和个人责任心。

符合运作和行动模式的发展对企业来说是要求非常高的挑战，这完全超过了商业智能所需要的要求。

3.4.2 变革管理和通信管理

在大数据背景下需要向处于变化当中的员工解释清楚所有通过大数据创新所谋求的或引发的变革，使他们把大数据在企业整体关联的各个层面的意义价值搞明白，比如行业层面、部门层面和岗位层面，他们才会成功。

大数据相对应的创新必须基于对这个主题整体性的理解和把握，要把重点放在变革管理和沟通管理上。对于大数据来说必要性就产生在单一主题的复杂性上，还要完全开发其对流程处理、组织架构、合作模式、价值创造逻辑、商业模式，甚至是职位描述和人员需求。如果管理不透明，想把员工的工作压力转化成必要的创造力并释放产能，这是不可能的。

大部分人确信，只有在所有参与者认识到更深层次的目标及个人的影响力能够达到并以此为动力时，大数据创新这样的复杂活动才会得到切实的结果，目标也才会被自始至终地执行。只有在这样的条件下参与者才会准备好，并有能力唤醒自己的创造力和责任感；反之，则不会发生真正的改变。

这种对于在变革和沟通管理领域更大的创新所提出最基本的要求也被称之为对利用"集体智慧"的要求，许多人一直在追求这个。我们已经在第二章中解释了成功利用这种智慧的必要前提，所以在这里不再深入探讨。但在这个关联中有一点是非常重要的，那就是对于成功利用群体智慧所需要的必要前提的持续观察会包含目标的冲突，这就需要合理解释。

从利用群体智慧的前提和企业 2.0 假设的透明化、公开化沟通的要求中，产生了一个有趣的问题：

如何能够在确保成功利用群体智慧的前提的同时使得企业 2.0 基本原则的可靠性得以保障？

由这个问题所引出的目标冲突如下：

管理必须要求透明化和公开化，同时在某些特定的条件下对信息的保留不仅被认为是正确的，甚至是被迫执行的成功标准。

　　这种矛盾可能导致的最坏情况是，领导层虽然是出于很好的意图，却遭受到自己吹捧，而又不遵守的"游戏规则"的否定。公司战略和管理的挑战就在于，将第一眼看上去矛盾的几个方面融入公司整体的变革和沟通管理当中，通过部分复杂的内部关联将这种目标矛盾化解。

　　因为化解目标矛盾是必要的，所以可靠度和信任就显得尤为关键。无视那些明显的或者不明显的矛盾，并且即使自己存在怀疑也完全将个人的知识和能力投入到整体的活动当中去，只要企业的同事们信任那个提出要求的人，那他们就会跟着他做。

　　之前所提到的对群体智慧的利用必须令人容易理解，为什么在整体要求透明化的情况下还得在某种关联程度上限制透明化，直到某些具体的小问题被解决为止？而且还必须说清楚，哪些人才有权利执行这种限制。一定要说明白，这不是任性专横地改变或者废除游戏规则，而是为了能够获得最好的结果。最终的结果和解决问题的过程当然要在事后再一次公开沟通，从而把决定向公众解释清楚，同时建立进一步的信任和可靠度。

　　在一个多次成功地经历了这样的解决问题的循环，并且维持了约定的游戏规则的公司里一定有一种氛围，在这种氛围中个人的创新创造力能够完全解放，潜力能被充分激活。公司的变革和沟通管理直接指向对于企业解决问题导向的企业文化的建设和扩张。同时也为企业创造了从一个公司到企业 2.0 和分析型市场竞争者发展的必要基础，使其有能力通过大数据来赚钱。

　　在这样一种核心的变革和沟通管理中，像信任这样的传统价值是决定性的成功因素。我们能够长期地从大数据一体化的多个角度认识到这种价值观：

1. 从全社会角度来说，比如与"个人隐私保护"的关联，还有有关数据保护与国际立法的主题（参照第二章）。

2. 从公司角度来说，比如联系到客户定位和各种相关的方面，像数据保护和过失检测（预防欺诈）（参照第五章）。

3. 与互联网的"沟通文化"相关联，其中每天出现大量虚假或者不真实的信息，这给企业在充分利用数据上提出了非常现实的挑战（参照第九章）。

通过这些内容上非常紧密的社会和企业多角度连带关系形成了一个对大数据现象理解的闭环，它反映了社会的变革。

对于企业中大数据的使用应该理解为企业应对 21 世纪的现实与挑战所作出的变革过程。这种过程是技术驱动的社会变革，带有广泛的社会文化影响。这种新的定位意味着一种持续的变革过程，在其中必须坚持对具体的内容和活动作出审核和调整，这样持续的变革过程所需的企业活力要符合时代。基于注重参与的沟通模式的变革管理具有公开性，企业才能解决目标冲突的问题，克服内部阻力的同时最大程度地利用参与者的群体智慧，以及他们的责任心和创造力。

目标冲突像以上所述的那样，并不是异乎寻常的，它符合自然产生的复杂关联性及自我矛盾性，就这点来说也不是大数据特有的。它在商业智能领域已经起到了重要的作用，在大数据多层次性的基础上再一次增加了复杂性。在接下来的一节中，我们将简要地深入探讨传统的目标冲突和内在阻力，这两个问题早已存在于商业智能领域，在应对它们的时候必须非常小心。

3.4.3 目标冲突和内部阻力

从一开始的大数据储存到后来成熟的商业智能系统学，我们会接触到目标冲突和内部阻力问题，它们会发展成创新活动的巨大阻碍。在这里我们就只简单地概括一下典型主题，因为我们在《商业智能案例》中已经详细地介绍过了（参见：巴赫曼＆肯珀，2011 年第二版）。

在这个主题上，公司内部会出现各个团体或者个人的各种各样的利益需求，这些利益在一定程度上可能会与公司大数据创新所宣传的目标产生冲突，有些甚至肯定会产生冲突。这点是不需要受到谴责的，因为每一项工作都需要每个个体的责任心、自发性和创新力，并且每一项工作都清楚地与个人背景和个人视角相关。人们首先想到，每个个体参与者都要为了整体组织的健康发展全身心地投入，而管理的艺术就在于用完全合理但又首先是自我矛盾的、有关各阶层各方面的目标设定来引导生产力。也就是说：从掌握权力到工作稳定，使越来越多的个人利益达到平衡成为企业要面临的一个越来越难的挑战。因为人们对于贯彻自己的利益需求有很强的个人意愿，从而引发一种反射导致了变革的内部阻力。

1. 透明化 VS 不透明化

> **重要:**
> 　　目标冲突的极端必须得到平衡,才能克服内部阻力。

　　完全透明化意思是,任何时间、任何地点的任何信息对任何人公开,并供其使用,它对于一个有活力的组织机构(这里指的是一个企业)是致命的。当企业完全透明化的时候它是停滞的,因为没有人希望自己的活动被详细地公开,使自己陷入被怀疑和被动之中。

> **提示:**
> 　　请不要将现在所说的完全透明化和利用群体智慧的前提条件混淆。在群体智慧的案例中所有人必须对一个具体问题的相关信息熟知,这里所述的是一种通过理论思考后将公司的所有信息真正做到完全透明化。

　　而完全不透明化可以这样简单地陈述:每个人可以随便做他想做的事情,因为错误不会被发现也无法被归类。即使个人的利益与集体的利益完全背道而驰,它也会成为一个人的所作所为。而整体的组织无法实现它的目标、无法成长,可能也没办法撑到最后。如果出现这种情况,个人最好是在自己经历这个企业的沉沦之前离开这个企业。

　　在了解透明化和不透明化的时候必须非常小心,因为在项目的框架下每个人在公司的初始状态不同,无论是偏向更加透明化,或者面临更多的不透明因素,都是有意义的。为了达到极端的平衡,必须在一边有持续性倾斜的情况下在特定时间里给另一边加上一点重量,才能重新形成平衡。

　　举例来说,几乎所有的公司都在过去几年着力于建立"影子

IT"和"阴影化过程"，使得天平倾斜偏向了不透明化，因此所有的商业智能创新对此提出了更加透明化的要求。在很多情况下这样臆想的目标设定再一次地引起前面提到过的关于状态和工作保障的反射，而这可能发展成为企业的一个巨大阻碍。

但这种对成功的阻碍也是可以避免的。因为在对特定事件的分析后，人们总能得出一个具体的计划，确定目标是加大透明化还是更加不透明化。之前所说的带有对成功阻碍效果的反射会使得公司无法形成完备的商业智能或大数据创新；同时，这种反射也会在变革和沟通管理的框架内阻碍商业智能和大数据创新。

2. 结构化 VS 自由度

过分结构化能够使公司丧失行动能力，而太高的自由度又会导致公司无法执行有效的合作，这对于企业 2.0 也是通用的。这两种极端挑战的难度与公司组织的规模是成正比的，中小公司可以仅仅通过"自我管理"或者"活力组织企业"达到最理想的和谐状态。有一部分人会认为"自我管理"才是大公司或者特大公司找到正确结构化的唯一出路，因为现有的复杂的自上而下架构已不再是适合的。这种观点是大型企业在转型到企业 2.0 过程中的一个核心争论点。

大数据产生的复杂性不和企业的规模变化挂钩，但它必须经过商业智能进行加工（参见：第四章），对于结构化和自由度的权衡在单一主题的洞察上是必不可少的，比如要求在现有的 IT 架构中融入新的大数据结构、大数据等级以及大数据集合。IT 中自然有一种系统化、结构化的方法，在大数据背景下与商业进行协作，随着大数据越来越重要的专业意义不断产生。

在这样的关系下，商业和 IT 结合的结构化需求对于专业处理流程有着越来越显著的影响。现如今对于数据结果解读的必要性还有决策的关键性创新都从对个人能力有着很大程度的要求，比如设定什么样的目标来分析什么样的数据，在这里以什么样的算法最合适等。这些问题只有在一定的自由空间下才能得到解决（参见：第八章）。

结构化和自由度的权衡过程与企业的组织结构建设（企业 2.0）以及合作模式（智能合作）是相对应的，也就是说在每个岗位都有最合适的结构性和自由度，这对于管理来说是一个难度非常高的挑战。在特殊情况下，它们只能参考公司具体的框架前提和目标设定来处理，同时需要在可持续性的变革过程中不断地接受检验。

3.4.4 授权

为了能够恰当地处理大数据的方方面面，需要执行人员享有最高程度的授权，这种授权不会引起歧义并且在公司的上上下下得到充分的沟通。只有有了相匹配的授权，解决目标冲突、引导生产力、避免大型活动中不断出现的内部阻力才会变为可能，毕竟每一层级和分支的表决都是非常重要的。之前由于缺乏适当授权而导致任务无法成功被执行的时代必须随着大数据时代的到来而终结，每个人都应该清楚"原材料数据"会被转化为与决策息息相关的知识还有市场竞争的优势。最理想的情况就是对应创新活动的主管团队亲自负责顶层管理，或者作为公开的投资人出现。

面对复杂性和公司层级分支的影响，一种明确地对大数据创新的授权是必不可少的。

3.5 处于变革中心的企业

在我撰写本书的研究过程中，媒体报道了一则关于德国电信公司活动的消息，它和第二章所述的国有机构活动有着非常紧密的联系（参见：《明镜》周刊，2013），是这样说的：

电信公司建议，预先确定留给 e-mail 数据线路，避免英国、美国的计算机和链接点，这样谁都没有机会监听监视这部分数据。这样大数据在申根国家的扩散也就可以想象了，但英国并不属于申根国家。

这样的主动性确保了大数据的基本核心和与之相关的一切：

1. 大数据在现有的全社会层面对企业有直观的影响

（这里指的是用于社会模型描摹所投入的技术基础设施布置）。

2. 社会模式中社会整体主题的转变以及市场战略会产生有高度活力的、实时更新变化的事件。这些事件首先和公司日常经营的核心活动没有什么紧密联系（这里指国有机构在国际层面的活动大背景）。

3. 由于社会性发展和它所引起的企业活动相互作用，企业与社会发展进程直接相互影响。

简言之，企业会在很多情况下受到技术发展的影响而产生新的社会问题，使得企业能够成为所有问题的解决人。在这方面，大数据背景下的数据保护和个人隐私保护成为了核心要点。这一点我们已经在之前的顾客定位中探讨过了。

企业才是真正地处于社会变革的中心，并且积极参与其中。一个企业只有在思维、流程、组织机构还有技术上安排得灵活高效，才能够成功地抓住当下社会趋势，引导企业有目标、有针对性地进行活动。企业形象塑造、市场选择的影响和核心商业的机遇能够带来怎样的潜力和可能性是非常显而易见的，企业有机会带着解决当下社会问题的答案在公众视野中崭露头角。可以想象，这些潜在机会是提供给那些商业模式基于大数据加工且规模够大的企业，公众会一直感受到他们的企业活动。

但限制只存在于直接的技术关联中。实际上有的公司会经历基于大数据的社会性变革，因为"大数据现象"在它的技术模型里，比如大数据体量的产生，仅仅是整体变革的影响，我们现在正经历着,下一年,下一个十年都会继续经历着。就像我们在第二章所观察过的那样,这样的变革会因为经济形势和对社会文化层面的影响被归为工业革命的下一阶段,也就是社会最基础的循环过程。这种循环的核心就是已经高速运转的生活全方面的数字化。总体来说,它具有对经济和商业世界几乎无法预见的影响。这种变革的范围允许所有市场参与者,包括小型企业和新兴企业,基于新的框架条件定位自己。

商业世界数字化影响力的范围及其戏剧性还几乎未被公众察觉。缺少公众注意力的原因可能在于,专家在研究主题化变革过程的内部机制与其影响力时还是有许多不清楚的地方,在未来还可能会将其具象化。许多人身上可能会有压力,担心他们不会发展到某一阶段,以至于公众的评论掩盖了循环过程中最重要的方面,或者没有开发更加广阔的市场。

当变革发展涉及人时,企业总会承担更多的责任;反之,企业只有通过变得有吸引力,并且给员工提供符合当代文化的工作环境,才能被那些高学历、高技术、有资格挑选雇主的人才留心到。

3.6 大数据和商业世界

除了我们之前详细论述的社会思潮对于企业文化有影响外,

技术驱动的全社会性变革，生活全方面的数字化，也直接对我们在 21 世纪生活和工作的方式产生影响。它对大数据有紧密的相互影响力。图 3.2 解释了这种紧密联系。

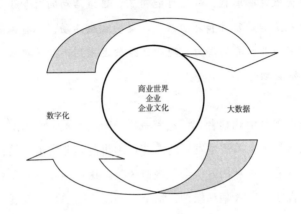

数字化

商业世界
企业
企业文化

大数据

图 3.2 在数字化和大数据中心的企业

这种作用影响力现在有多广泛，未来能达到什么程度，康斯坦茨·库尔茨（Kurz）和弗兰克·利格（Rieger）两位作家在他们的《不用工作——对取代我们的机器的一个探索》（参见：库尔茨 & 利格，2013）一书中探讨了这一点。两位作者将人类在通过数字化生产过程中的被取代性，还有有关我们如何在高速发展的社会进程中，以一个积极的视角看待工作角色的问题做了特别的理论化考察。

在"思想的自动化"章节中，康斯坦茨·库尔茨和弗兰克·利格描写了算法的力量，它在未来能实现脑力工作者思维活动的自动化，并对职业形象有一定影响，但现如今它还未成为机器人或者自动化等公开讨论的重点话题。原文是这样的：

> 谁认为他的工作由于需要脑力思考而将在未来一定不会被电脑取代，那他可能错了。思维活动的自动化，也就是通过软件和算法摆脱人类的大脑活动，具有彻底改变商业世界的潜力，现在已经被运用到产品的机器人化和自动化上了。

与许多其他观察者和评论家一样，康斯坦茨·库尔茨和弗兰克·利格认为，搞清楚发展的内部作用机制是非常重要的，这样才能实际有效地利用好机会并规避风险。这包括和我们息息相关的数据保护、个人隐私保护，每个人都需要明白技术发展对每个人的意义。

企业由于其自身多层的交互依赖性而处于变革的中心，所以在说到变革形成、透明化建设、商业世界变化时，企业被赋予了新的意义。这种要求改变了企业对于角色的理解，并且可能创造了一个承担责任的、积极的企业角色，这对外是能够感知到的。同时，生活全面数字化的影响还有大数据在企业中也有了新的角色及对应描述。

第三章总结

◆ 企业处于全社会性变革的中心，这种变革通过生活全方面数字化驱动带来广泛的社会性循环。

◆ 大数据是数字化和这种社会文化变革的技术表现形式，另外由于它们的交互依赖性以及相互的作用共同铸就变革。

◆ 发展固有的文化对企业有直接的影响，它要求企业通过利用现代技术的潜力找到让企业文化适应21世纪商业世界新要求的方法，其关键词就是企业2.0。

◆ 面对由像棱镜门等事件引起的广泛讨论，人们必须站在企业的角度思考是否有必要对这种潜在威胁采取行动。

◆ 像数据保护、个人隐私保护，以及像信任这样的传统价值等方面变得意义重大，同时成为有决定性作用的市场竞争因素。

第四章　大数据不仅仅是商业智能 2.0

本章内容：

◆　大数据时代商业智能复杂性提升

◆　大数据时代的数据质量

◆　商业智能分析和大数据分析

◆　范例变化

基本上可以确定的是，比如互联网数据亟待整合，这也对现存已然十分复杂的信息技术建设提出了多种要求，成为了大数据创新一个重要的技术挑战。遗憾的是，在大数据分门别类的技术更新过程中，这仅仅意味着创造有标准化接口的新系统，而标准化接口便意味着该定义过程产生的费用将一目了然。

更多时候，在技术层面上，大数据时代中所谓的"生态系统"包含了截然不同的部分，每一部分都能够解决一个特定的问题。大数据生态系统持续发展有高度的动态性，因为技术发展刚刚起步，不同生产商所提供的零部件在它们的发展周期中并不完全契合，如我们通过在这期间逐步成熟的商业智能堆栈知晓了标准化的重要性。但是在生产商那里，为了发掘更大的经济潜力，现在依旧存在着一种"淘金热氛围"。

技术发展现在的状态用事实来解释，即是除了纯粹的数据量，大数据还让我们面临着新的数据结构和数据等级，这点不应该在"商业智能"的标题下讲述，而且这些并不会立即与现存的数据库系统、信息技术处理过程及处理利用逻辑相融合。新技术思想的诞生迫在眉睫，那些在传统商业智能中被视为获得成功不可动摇的战略性基本准则，如今在大数据环境中必须另眼相待。在下文"示例"这一部分，我们也将继续深入讨论。

4.1 大数据时代商业智能复杂性提升

表 4.1 显示了大数据时代商业智能复杂性提升的重要原因。

表 4.1　大数据时代，商业智能复杂性提升的原因

大数据时代商业智能复杂性提升	会对什么产生影响	复杂性对商业智能的增加	说明
全社会的变化对企业产生了影响	企业决策过程 组织 合作模式 价值创造 商业模式 客户管理 数据保护 人员需求 信息技术策略 信息技术建设 报表制度 企业文化	由中到高	人们必须认识到企业受到外部影响，且这种影响有着高动态性，人们需要全面分析这种影响，将其内部过程进行整合。复杂性的增加是与现有结构的成熟度相关的。商业需要和信息技术建立组织上的紧密联系
大数据及其分析结果阐释的必要性	过程 组织 合作模式 人员需求 信息技术策略 信息技术建设 报表制度 企业文化	由中到高	数据和分析自身并不会自我表达，而是需要人们对其进行阐释的。"解释权"问题需要被阐明，而知识产权垄断应该得到避免（参见：第八章） 跨学科的团队需要新的合作模式，此外也需要新的信息技术基础设施。这与智能回路的建立关系密切。复杂性的增加与现有结构的成熟度相关 商业需要和信息技术建立组织上的紧密联系

续 表

大数据时代商业智能复杂性提升	会对什么产生影响	复杂性对商业智能的增加	说明
在商业重要性上验证分析模型和算法的重要性	过程 组织 合作模式 人员需求 信息技术策略 信息技术建设 报表制度企业文化	高	人们必须对跨学科团队永久、反复使用的分析模型的商业重要性进行评估，并对其进行优化 商业需要和信息技术建立组织上的紧密联系
建立"智能回路"的必要性	过程 组织 合作模式 价值创造 客户管理 数据保护 人员需求 信息技术策略 信息技术建设 报表制度 企业文化	由中到高	在过程中没有数据结果反馈的话，数据分析无法产生增值 复杂性增加与现有的商业智能回路相关。商业需要和信息技术建立组织上的紧密联系
从 BICC 转变为 DACC（数据分析能力中心，参见 7.1 章节）	过程 组织 合作模式 人员需求 信息技术策略 信息技术建设 报表制度 企业文化	高	复杂性的增加与现有结构的成熟度相关
新的数据结构的整合（不同性质）	过程 组织 信息技术策略 信息技术建设	低到中	新的数据源包含了不同结构的数据，这些数据必须协调一致 商业和信息技术在语义学角度的协调也是必要的
新的数据结构的整合（不同性质）	过程 组织 信息技术策略 信息技术建设 企业文化	由中到高	数据源和数据在企业眼中的重要性和内容"意义"被定义为技术整合的前提条件 技术整合要求信息技术战略中的新的技术和范例变化 复杂性的增加与现有结构的成熟度相关 商业需要和信息技术建立组织上的紧密联系

续 表

大数据时代商业智能复杂性提升	会对什么产生影响	复杂性对商业智能的增加	说明
新数据等级的整合和商业安排	过程 组织 合作模式 价值创造 客户管理 数据保护 人员需求 信息技术策略 信息技术建设 报表制度 企业文化	高	新的数据等级，如"观察数据"能够促成"行为分析"，这是大数据的核心层面。处理这些数据等级需要进行深入的战略性评估，了解其对于各个衍生层面的影响
数据容量	合作模式 信息技术策略 信息技术建设	由中到高	信息技术战略需要数据管理的新计划 信息技术建设要求新技术进行整合 在数据可支配性方面，商业和信息技术的协调是十分必要的 复杂性的增加与现有结构的成熟度相关
数据质量	过程 组织 信息技术策略 信息技术建设 企业文化	由中到高	外部数据，如来自互联网的数据，必须与数据提供者签订服务等级协议（SLA） 传输数据的质量与真实性需要在内部过程中被认证。商业和信息技术在语义学角度的协调也是必要的。复杂性的增加与现有结构的成熟度相关
互联网中的交流文化和数据质量	过程 组织 信息技术策略 信息技术建设 企业文化	高	参见第九章 处理"事实"（非权威信息）的工具发展到了将事实场景作为新认知源泉进行分析和阐释
范例变化	过程 信息技术策略 信息技术建设 报表制度	高	信息技术"支柱"必须被重新评估，并且要求与决策相适应：冗余自由度、分析模糊、数据储存、单点真理
时间层面上对分析"数据产生"和"数据准备"的挑战	过程 信息技术策略 信息技术建设 报表制度	由中到高	新技术的技术整合势在必行 商业需要和信息技术和参与管理建立组织上的紧密联系 复杂度提升也与业已存在的内存解决方法的整合等级相关

续　表

大数据时代商业智能复杂性提升	会对什么产生影响	复杂性对商业智能的增加	说明
时间层面上分析"观察时间段"的挑战	过程 组织 合作模式 人员需求 信息技术策略 信息技术建设 报表制度 企业文化	高	从商业要求的时间层面： 过去、现在、不久的将来、将来 分析的结果类型： 报告、预报，预言、对将来的描述、行为建议、自动决策 商业需要和信息技术和参与管理建立组织上的紧密联系

该列表自然也不是完整的，鉴于大数据的多层次性，这里还可以指出更多方面，尤其是可以提高研究的详细程度。

然而在抽象层面已经可以明晰，尚未完成商业智能任务的企业，由于大数据时代商业智能复杂性的提升，必须开发出一个全面的战略，一方面整合所有的技术利益，另一方面考虑所有的过程、组织、政治和文化层面。因为纯技术层面（我们将在下一章深入探讨）制约着上级战略，尤其是当人们想要在繁多的可能性中寻找出一个可以服务于任意一个企业，助其达成目的的行为模式时。

在大数据的条件下，通行战略的缺失能够引起商业智能中广为人知的循环，即投资错误和预期增值的消失。这样的结果便是企业的相关负责人将重新采取防御策略，而并非采取措施弥补摩擦损耗。

以上的表格再一次显示了大数据的中心层面：

1. **大数据的纯技术层面，如数据容量、数据结构、数据等级，诸如此类，均只是广泛的"世界数字化"的标识。**

2. "世界数字化"，首先必须被整体理解为一个现象，以便在处理大数据时拟就达成目的的纲领。

3. 在这些整体理解的基础上，可以对其相关事物和影响、由此产生的行为需求、可能策略和实际纲领、具体的实施选择等进行深入的分析。

那些在大数据主题刚进入人们视野时便试图运用数字表达成本和收益关系的人，早早便放弃了大笔的整体预算，因为在这种思想中，只考虑到与商业有关的增值和合适的"投资回报率"，使得高成本的失败在不断地重复上演。

4.1.1 新的数据结构

与大数据有关的许多评论都认为那些非结构化的数据需要在过程和建设中进行整合。起初，这主要涉及结构化数据的加工，而且这是适应复杂性日益增长的必要条件。我们并不想不加批判地运用"非结构化数据"这一术语，而是要将其进一步仔细探究。

PAC 德国公司软件市场的独立副总裁吕迪格尔·斯皮思（Spies, R.），在网站中的一篇标题为《IDC：大数据的 5 个"V"》文章中确定，事情并非如此。根据史比斯的观点，所有数据都是结构化的，这一认知最强有力的说法是（参见：斯皮思，2012）：

一个大数据项目如何成功？人们首先需要认识到的

是，现在并不存在非结构化的数据。因为假如数据非结构化，人们便无法从数据中获取价值。许多被错误地认为是非结构化的数据指传统办公室文档组成的数据，也就是文本文件、表格计算，以及图片、声音和影像文件等。

这也包括在更高的抽象层面上认识这些数据的现存结构，将其与传统的结构化数据相结合。从自动生成的额外信息中可以得到企业的额外认知和增值。

这并不是完全无意义的，语义信息必须得到处理，传统数据质量的概念不再像以前那样有效。半结构化的数据可能会产生歧义，不甚完备，甚至可能是错的。

在史比斯这篇帮助人们对大数据产生一个整体理解的文章之中，他还提出了对待大数据的几个方面：

　　1. 并不存在"非结构化数据"，数据永远都是结构化的。然而鉴于大数据的多层次性，人们需要认识到在各种环境下的数据结构和其重要性。

　　2. 大数据要求不同（不同性质）数据结构的整合，这个过程要求人们对不同层面的数据进行思考。

　　3. 不同结构的数据（多结构化数据）相互链接，以便分析。这要求在不同的数据考虑层面上定义新的链接准则，这些准则只能够通过那些对企业来说至关重要且与环境相关的数据语义衍生出来（参见"类型化的关键字"）。

4. 在思想上阐释数据分析十分必要，如何从数据中获得"认知"，如何从"认知"中产生对企业的"增值"，都亟待相关策略的诞生。

5. "数据质量"的概念与其在特定条件下的语义紧密相关，必须在大数据环境下重新解读（参见"大数据时代的数据质量"）。

4.1.2 类型化的关键字

在上一节我们已经描述了大数据时代，结构多样的数据相互链接提高了传统结构的商业智能的复杂性。这意味着一般情况下，有明确关键词的表格（主关键字）中存在结构性数据，在这些数据的帮助下，人们可以识别出特定的信息，而且它们只需要在整个系统中被存储一次。在一个正常的数据库中，例如地点名称的表格中并不包含冗余的信息，人们可以根据主关键字将其引用在客户表格中。如此一来，数据状态就会变小，数据库也会变得更加稳定（参考的完整性）。

我们仅从理论上暂时假设，此时没有数据保护法规与其他类似障碍来阻碍一个公司（除了 Facebook 本身之外）储存所有的 Facebook 文件，并且所有这些 Facebook 文件都被置于一个表格中。当企业想要将 Facebook 文件分配到其客户身上时，它必须定义规则（商业规则），在这个规则的基础上，分配才能成功进行。

这些规则不能由信息技术专家来定义，而要由那些评估客户表格中单个信息语义的专业部门的专家来定义。这个过程就像企业中的自动化专家一直调侃的那样——是由"智囊团控制"的。

技术转化和由此导致的信息的技术分配,自然是通过信息技术部门来实现的,这也需要专业领域和信息技术进行密切合作。在这一背景下,信息分配的复杂性进一步提高。因为一方面,在信息技术世界中,有着清晰主关键字的结构化数据在信息的技术分配中自身并不会造成高额费用;另一方面,在大数据环境下,它们的产生也建立在不低的成本基础之上。

此外,上述的例子是被大大简化了的。在实际生活中,定义规则以产生类型化主关键字带来的挑战远不止于此。大多数情况下,不仅两个不同的信息源需要建立新的联系,而且原先互不相关的整个数据集都要相互建立联系。

事实是,专业部门的专家们必须定义所有的规则,这一点对于复杂性来说关系重大。因为这些专家专业工作领域不同,从而视角不同,在不同环境下阐释同一信息也往往不尽相同。"环境依赖"意味着这样一种结果:相同的数据在不同的专业视角中有着截然不同的语义理解,故而可以产生完全不同的关联。假如说客户的地点信息分配在整个数据系统中显得十分明了,那么,互联网中的博客就会由于不同的专业问题而模棱两可,在内容上产生多种不同联系。

此外,类型化主关键字有一个核心的方面必须受到关注:一项用来替代清晰明了的类型化主关键字,无论如何都不可能像一个完全正常的数据库系统中的主关键字那样有着高度的正确性。

这种类型的信息分配存在"模糊"的危险。因为规则总会遇到例外，然后出现错误。在这一情况下，类型化主关键字的主题也直接向数据质量提出了一个问题，这个问题只有在一个面向专业需求的层面上才可以得到回答。因为这个问题是可以被专业领域所接受的，最终只能由参与其中的专业部门来作答。而且最终结果是将这个问题抛给了数据质量，向其提出基本的战略要求。

一个重要的分析系统中，使用类型化主关键字是十分必要的，其中的多结构化的数据整合也许会由于技术任务的原因，提出很多战略专业层面上的挑战——这是大数据时代，高水平的合作模式必要性的另一个力证。

关于数据质量和模糊，我们将在接下来的几节中进行探讨。

4.1.3 新数据等级和存储技术

就像我们在导语中简要叙述的那样，大数据一个重要的组成部分便是作为大规模"世界数字化"和所有生活领域数字化的结果，数据产生了新的形式，即新的"数据等级"。仔细看来，正是这些新的数据等级才将数据变成了"大数据"，并且对信息技术策略和数据管理都提出了挑战。

这些对于数据较为重要的数据等级可以归为三类：传统的交易数据、新大数据专有的互动数据、观察数据。

传统的交易数据指的是通过订购、供应和支付过程产生的数据，并且很好地建立了传统理性的数据库系统，人们可以通过多维度数据库对其进行全面分析。这一主题在"商业智能"标题下已经被充分叙述了，在此无须赘述，然而大数据对于企业的整体概念还是需要进一步探讨。

互动数据和观察数据首先来自人们对于可供支配的终端的大量使用，这些终端都通过互联网相互链接。全球链接和大量使用，这两个条件为大数据的"大"提供了前提，促使数据量呈指数级增长，这也成为大数据的典型特点，大数据的名字也由此得来。这种关系我们已经在引言中通过对"大数据基本循环"有所呈现。在数据容量作为大数据的明显特征这一章节，我们并没有对其进行深入探讨。因为它明显是技术和社会发展的标识，并不需要进一步说明。互动数据和观察数据在企业整体层面上的战略意义将在其他章节进行阐述，所以在此忽略。

然而在技术层面，大数据意味着对数据库系统和存储技术的新挑战。同时也表明，处理极大量数据的基本技术业已存在。在这种技术发展中，互联网巨头硅谷占据了极大份额，所以集群使用 Google 公司的"MapReduce 算法"，以 HDFS（Hadoop Distributed File System）的形式进行存储，这成为大量数据存储的标准形式。此外，Apache 公司的体系提出了几个部分，这对加工数据意义重大：

1.HBase：这是一个简单的数据库，用来管理在一个集群中的极大量的数据。它以 Google 的"BigTable"的自由执行为基础。

2.Hive：建立在传统的数据仓库的基础上，借助以 SQL 为基础的查询语言，能够提供 HiveQL 的查询可能。

3.Pig: 允许建立 MapReduce 程序。

在本书中，我们聚焦于大数据的战略概念方面，所以我们不详细探究该科技概念，而是在此引用在市场上存在的文献。集群这一概念，我们将继续在大数据时代中商业智能的示例转变这一情况下进行探究。

一些企业的决策者并不能跳出自己原有的角色，然而致力于技术的发展，在此也允许建立"MapReduce 程序"。术语"MapReduce 算法"可以推演出一些假设，这种算法就像是钻木取火，人们必须先将其完成，才能将任意数据输入该算法，然后迅速取得结果。

然而"MapReduce"却远非如此简单，上文提及的"MapReduce 程序"必须在企业或者项目的特殊环境中创建，这要求高额的程序费用。在这种情况下，人们会将其与传统的数据仓库中的 ETL 过程进行比较，探究其意义所在。

对一个数据仓库中的源数据进行提取（Extraction）、转换（Transformation）和下载（Laden）的过程，被称为 ETL 过程，从战略概念视角来看，这是极为普通的：源系统中的数据必须下载到数据仓库之中。在实际操作中，单单这一个过程就有着很高的复杂性，会造成高额费用。从这种意义上来说，为集群建立一个高质量的"MapReduce 程序"应该得到高度重视，项目则应该配备好相应的资源。

相应的创新是否整体能够成功，对此起决定性作用的依然是具体的技术层面，即单个的技术是否能够融入整体纲领，融入业已存在的信息技术建设。这点可以联系企业的具体环境，比如通过以下几点来说明：

1. 私人／公共"云"的使用。

2. 投入使用并融合硬件、服务器群组（Serverfarmen）和应用。

3. 在哪些位置，出于哪些原因，人们能够整合开放资源解决方案。

4. 使用集群作为传统数据库系统的替代品，而并非真正处理大量数据，这从纯粹的成本角度来看，是否可行。

5. 反向视之，在业已存在的或者亟待扩充的传统数据库系统中，是否应该创建大量数据。

6. 专业领域会在哪些范围内直接涉及数据状态，并对其进行分析。

7. 在哪些主题范围内，这是有可能的。

8. 这里要求的工具如何能够融入到现存的报表系统之中。

9. 在这些情况下，报表安全性总是有保证的吗？

10. 需要用哪些措施来保证所有系统和评估方法都能够生成高数据质量。

11. 在整体战略的框架内，如何能保护数据安全，满足社会伙伴的要求。

以上列表并没有对完整性提出清晰的要求，但是所有具体的措施都要求这样一个战略纲领，即避免投资失误。当然，所有的问题都是以与所有措施的总价值相关的基本企业目标为出发点的。

在这个背景下，与大数据有关的技术发展，及其与现存的信息技术战略、信息技术建设和更高级的过程的融合，导致了复杂的决策要求，使得大数据不仅仅限于商业智能2.0。这一技术层面也与人们的决策有关，会将企业变成"信息驱动的企业"，并在这条道路上乘胜前进，成为21世纪的"分析型市场竞争者"。

4.2 大数据时代的数据质量

无论是过去还是现在，商业智能的大挑战之一便是建立并维持高水平的数据质量。对于这个特点的描述，经常被引用的是这样一句说辞："废料输入，废料输出。"从中可以确定：报表和分析的可信度依赖于原始数据以及与之有关的事物的质量，这点毋庸置疑。从我们的角度来看，这对于大数据来说也同样适用，很明显持有一种共识，那就是大数据环境中数据质量这一主题至关重要。

在商业智能中，关于数据质量已经有多个问题等待回答。这些问题乍看上去无关痛痒，然而在企业的具体环境中会引起激烈讨论：低数据质量是如何产生的？人们应该如何持续得到高质量的数据？维持高水准的数据质量需要花费多少？

过去的 20 年中，数据仓库存储及商业智能的经验可以为这里的每一个问题提供答案。具体措施的核心是，处于可操作的信息技术系统中的专业定义的业务过程，以及与之紧密相关的"基本数据管理"，可以为信息技术建设、为操作和处理的过程、信息技术系统提供基本数据。

1. 低数据质量如何产生

低数据质量从报告、分析和企业控制等方面产生，操作的业务过程并不是从企业战略和业务模型中推导出来的，其没有专业的定义，更没有建立在信息技术系统中，故而它没有产生企业控制所需要的数据。操作信息技术系统的用户有可能绕过建立在那里的专业业务过程而制造虚假数据。

这些层面包含了"影子 IT"和"阴影化过程"等方面，这几个方面真正代表这其中一点或几点，并且很大程度上造成了以上的现象。影子 IT 和阴影过程"战略一致性"缺乏或者不持续的结果，我们在其他章节会说明其核心意义。

2. 人们应该如何持续得到高质量的数据

严格来说，可以确定的是，为了避免上述原因造成信息质量低下，人们应该做可以做的一切，然而这在现实中一点也不简单。

事实证明，人们对于数据质量的一部分意见可以大相径庭。因为相关的主题深入到了专业和过程之中，解决方法只能在专业部门和信息技术相互协调且深入的合作模式的基础上才能横空出世。带着这样的任务，人们很快便转到了更进一步的领域，即"政治"领域，那里有着特殊的游戏规则。

这一背景下，数据质量这一主题仅仅只能依赖一个专业的、由高管所设置的组织单元，并且有着相应的授权，用以控制这规模宏大的关系网。关于商业智能，专家们提出了"商业智能能力中心"（BICC）这个概念，作为类似组织单元的名字，在某种程度上这个概念近乎标准。因为"商业智能能力中心"也会探讨并解决所有商业智能的相关问题，它是唯一一处能够对所有关系和措施一览无余的地方，这理所当然意味着它对整个企业世界有着相应的重大责任。关于组织和建设这样的"商业智能能力中心"，市场上已然存在许多文献，故而在此不再深入探讨。

3. 维持高水准的数据质量需要花费多少

低水准的数据质量会破坏所有建立报告、分析和管理逻辑的措施，从而人们会形成这样一种认识，即所有该方法的投资都是不当投资。

高数据质量的特殊意义在于，其可以帮助企业和社会作出高质量的预言，这在大数据分析中扮演了一个重要角色。

4.3 商业智能分析和大数据分析

传统的数据仓库和商业智能中的企业数据分析聚焦于企业在一段时间内通过不同的措施收集起来的信息。一般而言，这个过程中，它们的目的便是对过去和现在有一个清晰的描述，从而展望不久的将来。对于这一关系，我们将要讨论"描述性数据分析"和"预测性数据分析"。"描述性数据分析"指的是现有的财政数据基础上的月度结算；而"预测性数据分析"指的是销售预测，在现有的措施基础上，考虑到可能的销售发展，从而产生具体或者一部分行为建议。

出于对大数据特性模式认知这一目的，这些广为人知的分析利用工具首先可以用来进行数据挖掘。预测性数据分析在商业智能的框架条件下，已经包含了一种方法论，即计算可能性和进行预测，从而在分析的时间方面，证明与大数据的预期一致。

然而，在大数据环境下，时间这个标准不依赖于看问题的视角，特殊的利益在其中有着不同的呈现。过去的几年，与之相关的要求显而易见：

1. 实时的数据应当在生成之时便立即供人使用，在生成数据和提供数据之间不应该存在时间间隔。这里，"内存"技术尽管起着决定性作用，然而与大数据并没有直接联系（参见第五章）。

2. 从时间角度来看，对过去和现在的描述（即"描

述性数据分析"）以及对不久的将来的描述（即"预测
性数据分析"）最终将会转变为对中长期的未来的预测
和描述（即"预测性数据分析"）。

图 4.1 简要表明了这种时间角度的发展：

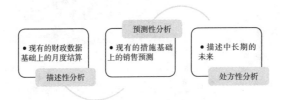

图 4.1 数据分析在时间角度的进化

在预测性数据分析中，大数据的核心层面扮演着一个不可或
缺的角色，它也赋予了该主题在全社会的高度重要性。这一层面
对企业既有直接影响，也通过对全社会的作用而对企业产生间接
影响：行为分析（参见：第二章和第九章）。

分析和预测行为模式的可能性赋予了大数据一个前所未有的
新的品质。我们已经在引言和第二章中讲述过行为分析对于全社
会的重要意义。在第九章，我们将从市场营销角度重新对其进行
思考。

在本章中，我们不再深入研究描述性分析，它对应的便是企
业日常的会计制度。然而我们还是要更清晰地看一看大数据分析
的两个重要基础：

1. 数据挖掘是分析的一种形式，在大数据模式诞生

之前，它就已经广为人知了。

2. 预测性分析是当期的商业智能系统的组成部分。

> **重要：**
>
> 通过大数据，人们能够分析个体和群体的行为模式，从而推导出其在未来特定的场景中预期行为的可能性。

4.3.1 数据挖掘

1. 定义

数据挖掘在许多企业中都是分析和获取信息的工具。由于这种工具主要聚焦于大量数据的分析，它对于大数据的意义越来越大。

"发掘数据"意味着借助静态工具，从浩如烟海的数据中寻找信息和知识，这一过程相当复杂。

数据挖掘的应用多种多样，它们或者以静态工具为基础，比如变化多端的统计学工具，能够同时观察多个变量；或者就在"人工智能"领域有所发展（神经网络）。

在分析中，数据挖掘可以根据两种不同的分析方法进行区分排列：古典假设推动分析和数据推动分析。

古典假设推动分析就像其在联机分析处理（OLAP）中进行的那样，以工作假设为前提条件，一开始就限定了应该研究哪些问题、哪些数据。然后这些假设会相应地被证实或者被证伪。这些假设和工具模型包括了归纳统计和传统数据库语言，如 SQL 分析。而数据挖掘是在海量数据中自动寻找知识，故而是一个数据推动的分析工具。它对数据整体模式进行了分析、描述和概括，因此数据挖掘被视为是具有探索性的。

由于数据挖掘的探索性特征，一般情况下，它并没有所谓的假设和模型作为前提。由于这个原因，数据挖掘与单纯的大海捞针不同，因为这种查找是以这样一个假设为前提的，也就是在大海中确实存在这样一根针。

2. 应用

数据挖掘工具的应用，如上文所述，一般并没有固定模式。然而，首先人们必须聚焦于一个问题，才能够将其归于相应的应用类型之中。不同的应用类型可以与相应的算法工具相匹配，后者可以用于解决一个专门的问题。

典型的应用类型见表4.2。

表4.2　数据挖掘的应用类型（扩展）

类型	任务	应用	工具示例
关联	识别并用数量表示相互关系与从属关系	购物篮分析（"尿布和啤酒"——示例）	静态关联分析
聚簇	识别事物组合的相似性	客户分类，比如在广告中采取不同的说明	传统静态方法，比如K-means聚类算法、神经网络
分类	将项目归纳到现存的类型	信誉检测	神经网络规则归纳
文本挖掘	从非结构化的内容中推导出结构化信息	Web挖掘信息提取	查找算术语言学工具
预告	从独立变量中计算未来数值	防止外流	回归神经网络

3. 数据挖掘作为一个过程

从广义来说，数据挖掘也被理解为海量数据知识生成的完整过程。从狭义来说，数据挖掘仅仅是"数据库知识发现"整个过程的一个步骤（参见：Fayyad & Piatetsky-Shapiro，1996）。

"数据库知识发现"的过程涵盖了完整的数据发现和数据分析。在这种环境下，数据挖掘完全是一个分析步骤。该过程大致可以分为如下几个阶段：

（1）任务专门化：数据的发现和选择、确定自变量和应变量；

（2）数据处理和转换：数据清理、数据整体分布、转化为分析步骤中的相应格式；

（3）数据挖掘：选择和应用相应的分析工具；

（4）阐释和评估：结果可视化、专家阐释结果、控制欲达目的；

（5）执行：执行策略的发展、应用检测。

4. 工具示例

（1）生产。长时间以来，大数据在生产中就已经得到了成功应用。成品检测数据和质量系数来自服务与支持部门，比如人才储备的数据、库存逻辑及交通逻辑的数据。

在生产过程中出现的数据包含了许多信息，这些信息有可能带来高经济效益，对改进生产和制作过程做出具有决定性意义的贡献，比如产品质量提高、开发时间缩短、产品理性化。

（2）欺诈检测。数据挖掘可以被应用在欺诈检测之中，尤其是与诈骗管理系统的使用有关。其应用的案例多种多样：

（1）识别，如利用信用卡、SIM卡、EC卡、智能卡等进行欺诈的典型模式。

（2）互联网诈骗，比如"钓鱼网站"常常尝试骗取个人数据，如密码或者信用卡卡号。这个过程中，"钓鱼者"给受害者发送伪造的电子邮件，与相关公司真实的电子邮件难以区别。此外，他们会设置网站，用来混淆原始的真实网站。

（3）非法访问数据网络和数据库。

5. 量子物理或核物理

长时间以来，以数据挖掘为基础的静态工具就应用在实验性的核物理和量子物理中。在基础研究中，数据是自然中最小的组成部分，并且持续变换。人们越想要仔细观察，研究的空白就越小，需要研究的结构越精细，实验的能源花费就越高，从而有越来越大的探测器用来研究实验数据。

在全欧洲的核物理实验中，效率最高的伽马量子的光谱仪在1997年已经生成了1600万兆字节的数据（参见：Kemper, G. 2000年）。2012年，欧洲核子研究组织在大型强子对撞机上进行了实验，来检测量子物理的标准模型，该实验产生的数据量约为15千万亿字节（1500万千兆字节）。

许多数据分析的静态工具都如是投入了使用，这些都涵盖在数据挖掘这个概念之中，当然也包含了"人工智能"领域的特殊工具（比如神经网络）。

4.3.2 预测性数据分析

数据分析能够使人们对动态市场发展作出预测，故而在企业的整体战略角度获得越来越重要的意义。随着企业对客户和市场的了解越来越深入，企业销售和盈利的基本系数也逐步增长。在新的面向未来的知识基础上，像市场营销大战等具体措施需要更加直接、及时地贴近市场动态。除此之外，对客户和客户心理越来越深入的了解，也能够促使企业的产品和服务为单个客户量身定制，直到形成销售网点（POS）。

预测性数据分析以客户为中心，这再次挑战了价值创造的逻辑，使得企业直接根据对客户需求的认知推导出自己的创新和商业模式，继而目标明确地服务市场。

在这个过程中，专业领域根据其各自的视角对于预测性数据分析提出了内容方面的要求。一个传统的要求便是能够通过信息技术建立起来，就像在商业智能的许多情况下常常出现的那样，预测性数据分析能够以最小的方式，实现追求的目标。

为了获取有用的分析，在专业领域和信息技术之间需要建立一个完全协调的分析模型。该模型要能保证，在对其重要的数据的基础上，尽量真实客观地描述要研究的事物。合适模型的草稿要求数学和统计的知识，如此才能够在分析中建立一个专业意义上的研究事物。最后，阐释分析结果也需要专业的数学和技术知识，如此才能够从要研究的现实角度，评估投入使用的模型质量。

由此产生一个质量有保证且具有前瞻性的分析，需要下列基本前提：

1. 紧密结合专业部门和信息技术。

2. 整合专业知识和数学统计技术诀窍。

3. 选择实际情况中十分重要的基本数据。

4. 高质量的基本数据。

5. 建立贴近现实的分析模型，比如根据业务模型或者人员开发。

6. 整合分析结果，考虑其描述的分析事件在未来可能发生的概率。

7. 重复优化整个行为模式，考虑到核心目标。

第一眼简单判断这些具有前瞻性的分析是否成功，便是其形成的预测是否能够被现实所确认的前提。在阐释分析结果和重复优化行为模式的过程中，有三个方面非常重要：选择重要的基本数据、选择的基本数据的质量、分析模式的质量。

仅仅是确保为预测提供不可或缺的高质量数据这一点，就对企业提出了一个巨大挑战（参见4.2节《大数据时代的数据质量》）。然而，这三个因素都对分析结果有着至关重要的影响。在阐释结果的时候，人们需要寻找到合适的方法来评估每个因素的单独影响。在许多情况下，这只能草草了事，因为单个因素会发生系统性变化，重新应用的模型会适应现实，然后逐渐显示出不同因素的影响。

专业杂志 ireport 的尤根·弗里希（Jürgen Frisch）在题为"预测性数据分析给了商业新的动力"的文章中，列举了六个预测性数据分析项目的建议。我们在括号中补充了对相应的创新要求，正如我们在本书其他有关的地方描述过的那样：

1. 连接信息技术与商务，并寻求支持，获取企业领导权（紧密结合专业部门和信息技术）。

2. 创建自己的预测性数据分析蓝图（做好规划）。

3. 优良的结果要求有一个学习过程（重复的行为模式）。

4. 在系统中输入正确的且有时效性的数据（实用性和灵活性）。

5. 将结果包含在商务过程之中（闭环，大数据智能循环）。

6. 从一开始就请教正确的专业人士（最好的实践和外部专业知识）。

这些建议清晰地反映出，在商业智能、预测性分析和由此产生的大数据领域中，大型创新和项目的成功关键因素并不在技术层面，而是在战略和纲领层面。必要的技术工具及它们的整合都是触手可及的，然而它们的应用却要融入企业整体战略之中。

就像上文简要阐述的，人们要求大数据分析法能够分析未来，即通过这种分析能够推导出具体的行为，而不是解释融合了数据挖掘和预测性数据分析之类的基本方法。对于商业智能、数据挖掘和预测性分析的认知能够直接帮助人们对人数据形成整体理解，并且推动人们成功进行相应的创新。它们现在可以从未来的不同时间角度进行补充，使大数据分析法日趋完整。

对大数据分析法预测能力的要求最终可以归纳为，不再仅仅只是粗略地勾勒这些不同的未来视角，而是对其进行仔细描述。这个要求意味着，对未来的预测应该十分可靠，就像人们回首过去和凝视现在一般，并应以描述过去和现在的信息为基础。这个要求将在"诊断式数据分析"这个概念下进行讲述。

4.3.3 诊断式数据分析

诊断式数据分析是"商业分析"的第三阶段，由三个部分组成：

1. **描述性数据分析。**
2. **预测性数据分析。**
3. **诊断式数据分析（描述且具有前瞻性的分析）。**

大数据分析法的一个要求便是，通过链接数学和统计的分析工具以及大量数据，打开一个新的面向未来的时间视角。人们可以将其视作数据挖掘和预测性数据分析的进一步发展和融合。由此，所有可供支配的技术都被充分利用，在此基础上产生的应用——比如与内存技术的结合——就像我们第五章描述的那样，最终能够使得描述未来成为可能。

图 4.2 说明，诊断式数据分析是预测性数据分析和数据挖掘的

进一步发展和进化融合。我们有意忽略了传统的描述方面，因为
对它的要求是理所当然的：

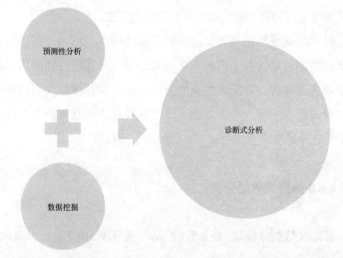

图 4.2　诊断式数据分析是预测性数据分析和数据挖掘的进化融合

　　人们期待诊断式数据分析能够描述未来的各种角度，主要原
因在于两种技术现象的发展：

　　1. 建立在可供支配的海量数据基础上的行为分析，
也就是对大数据的行为分析。
　　2. 数据的实时处理（内存）。

　　由此产生了大数据分析法的四个条件因素如图 4.3 所示：

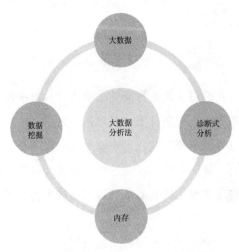

图 4.3　大数据分析法的四个条件因素

这些条件中有三个是大数据分析法反映的原始属性：

1. 大数据——大量数据将被分析。

2. 数据挖掘——数学统计学工具将被使用，用以认知大量数据的模式。准确地说，应该解释为获知新的认识。

3. 诊断式分析——分析针对于未来不同的时间。

4. 内存——并不一定与大数据分析法有着直接联系。

我们会看见，由于存在实时处理数据的可能性，许多对于大数据潜力的期待由此诞生。这一关系我们将在第五章中根据具体的应用实例进行描述。

4.4 范例变化

在这里，我们将从商业智能的战略支柱角度探讨范例变化，这必须在大数据的框架条件下才可以进行评估。大数据环境下的新的评估部分导致了范例变化，也就是说，将一个本来被视为不可动摇的主题，从一个新的视角进行评估，而且所有参与者都置身其中。这种范例变化的必要性既可以由技术视角产生，也可以通过专业考虑诞生。

在任何一种情况下，人们都应该根据在企业公认的，无论在概念还是在操作层面上均无须更多讨论的基本规则，在变化管理和交流管理的框架内对变化作出评判。导致范例变化的原因必须对所有的参与者公开，并被参与者理解，因为不清晰的策略框架条件会导致高额的摩擦成本。

此外，从传统意义上而言，企业希望实现数据存储，即使当前并不存在对这些数据的具体分析要求。这种要求的前提一般是，之后要求的数据能够融入现有的过程并进行分析。尽管这种要求并非真正意义上的战略支柱，但是它在信息技术战略和信息技术建设中不容忽略，而且在大数据环境下应当被重新评估。

4.4.1 用 Hadoop 完成对冗余信息的获取

获取无冗余信息的要求，也就是对冗余度的新规导致了范例变化，这直接使得大量数据的储存势在必行，以 Hadoop 作为技术解决方案也成为了必然之势，因为冗余信息是 Hadoop 存储概念的一部分。图 4.4 简要描述了这一概念：

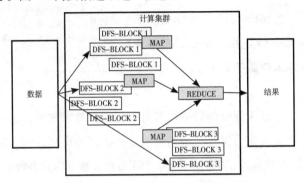

图 4.4　用 Hadoop 完成对冗余信息的获取

1.数据会存储在多个 DFS 结构块中（DFS：数据文件系统），并存在冗余。

2.在对数据产生命令时，DFS 会决定从哪一个结构块中准备好数据。

3.使用 MapReduce 算法之后，DFS 的数据就准备好了。

下文不再赘述该概念的技术方面，而只讲述这个方面对于信息技术战略的影响。

在关于冗余度的信息管理中，Hadoop 引起了范例变化，下列关系对于这一过程至关重要。

1.信息技术策略层面与范例变化有关，因为原本不

被允许的数据冗余现在允许出
现在范例之中了。

　2. 然而这并不意味着，数
据冗余如今在整个数据管理中
基本上都获得了许可。

> 提示：
> 　下文不再赘述该概念
> 的技术方面，而只讲述这
> 个方面对于信息技术战略
> 的影响。

　　冗余还是无冗余的数据获取对于现实的要求来说，是否有一
个有意义的解决方案？这一问题的答案必须考虑到具体的应用事
例中，比如数据源、专业关系等。无冗余在大数据时代并没有范例，
因此信息技术战略层面以及解决方案方面的决策的复杂性逐步提
高。这对于单个企业来说，已经在商业智能的内容中发挥着重要
作用。在大数据环境下，我们认为其对于所有公司都十分重要，
并且它与大数据关系相辅相成，对其采取行动是迟早的事情。

4.4.2 Hadoop 与单点真理

　　与信息冗余有关的范例变化可以
导致这样的结果，即单点真理不再为
人所需，不再像商业智能和企业数据
仓库那样。就像我们在 4.4.1 中讲述
的，数据获取中关于冗余度的一个范

> 重要：
> 　数据获取中关于冗余
> 度的范例变化并不意味着
> 冗余度如今基本上都获得
> 了许可。

例变化并不意味着冗余度如今基本上获得了许可。对于确保高数
据质量和报告安全性，一个单点真理也并非无论如何都不可或缺
（因为这个要求早已公开，广为人知，我们在此不再详细探讨）。

在上述的示例中，Hadoop 作为企业数据仓库的一个部分，要注意的是它在企业中有着单点真理的地位。"单点真理"和"冗余"必须考虑到以下两个层面：

1. 企业数据仓库自身。
2. 对企业数据仓库中的数据的内部管理。

这表明，由于 Hadoop 存储概念的缘故，社交媒体数据尽管在 Hadoop 解决方案内部存在冗余，但是从企业数据仓库意义上来看，这种 Hadoop 解决方案本身便是社交媒体数据的单点真理。就这方面来说，在发出数据请求时，Hadoop 就会传输一批数据。

在上述示例中，对企业数据仓库的数据管理层面如此定义：在企业数据仓库内部，社交媒体数据只允许存在于 Hadoop 中。因为即使 Hadoop 融入了企业的数据仓库，企业数据仓库依然是企业的单点真理。如果社交媒体数据除了储存于 Hadoop 也存在于其他数据库中，而且这些数据也与 Hadoop 一样用于建立报告和分析，那么企业数据仓库的单点真理要求将不再继续存在。

假如不吹毛求疵，人们就可以提出这样的观点：如此这般将冗余信息作为 Hadoop 概念的组成部分，并非体现了真正的数据无冗余范例变化。然而我们认为，不仅在企业数据仓库自身层面上，也在企业数据仓库的内部分开考虑"单点真理"与"数据冗余"。严格来说，这将促进信息技术战略、信息技术建设和信息技术概念的可持续发展，其内部逻辑的复杂性也进一步增加。主题和层面相互混淆将影响达成目的。

我们如何在商业智能中认识关于单点真理的要求，这点在大数据的框架条件下并没有发生改变。

4.4.3 分析的模糊性

在类型化主关键字的部分，数据模糊性的另一个方面已经被展示出来了，也就是抽象的不可避免及由于数据链接可能性缺失而导致的汇总的必要性。

汇总意味着信息的流失。信息流失之处，也许便是结果模糊之处。这种效应由于数据仓库和商业智能而广为人知。然而，隐藏用来阐释上一层

> 重要：
>
> 　　鉴于数据冗余范例变化，比如通过使用 Hadoop，可以达成企业中单点真理的要求。

面关系的详细信息是合法手段，没有这一应用，就无法取得一定的分析结果。在商业智能中，连接信息的主代码的常规缺失使得数据模型产生错误。

在大数据环境中，不同性质的数据结构使得生成主关键字迫在眉睫。在这种情况下，模糊的问题需要从另一个视角看待。因为有可能出现这样的状况，所以人们并不希望看到信息的汇总及由此出现的信息模糊。然而由于原始数据的技术原因，这种情况在所难免。这个问题并非由错误的数据模型产生（数据模型可以相应改变，以适应问题的解决方案），而是由结构和数据自身的不同性质导致。

所以在很多需要类型化主关键字的情况中，人们无法根据商业规则分析出一种方法，在现存的信息层面真正辨识出一对一的

关系。这意味着，人们必须汇总信息，由此才能够在更高的抽象层面上得出分析结果，商业上的增值也可以从中产生。故而，人们可以从中推断数据的趋势。要想达到这个目的，甚至无须进一步考虑。一个相关的例子如下：

一个公司将它的固定客源划分至了几个地区，如此一来，每个客户都属于一个地区，通过聚集，可以通过已知的客户销售情况进行上层区域的销售评估。

人们通过使用企业的互联网页面提供的服务，比如，下载服务说明或者查看视频产品描述期间，匿名传输数据，成为了企业外部的数据传输者。由于互联网数据的匿名性，这些信息无法与客户进行一对一的匹配。所以，这种服务的使用无法从单个客户角度进行衡量。

根据互联网数据提供的信息，客户计算机在使用互联网服务的那一刻便记录了客户的 IP 地址，由此，信息可以进行区域归类。在各个区域层面上，对自己主页上所提供的服务的使用状况进行评估。

如此一来，比如在区域销售行为开始之时，人们便可以比较不同地域的客户销售和互联网服务的使用，从而考察各个地区销售和服务的可能关系。

从这方面而言，在单个案例中对于分析模糊性一定程度上的接受是完全有意义的。这种接受的程度有多大，还是不能由信息技术专家来决定，尽管他们可以直接确定一些分析在技术上是不可行的。这更多是由专业部门来评估的，哪些模糊性从企业角度来看是允许的，哪些是不允许的。

在商业智能中，人们基本上以此为出发点——至少根据纯粹的理论而言，并且考虑到上述的例外——这种评估必须尽可能精准，尽可能犀利。对于分析的模糊性更大程度上的接受，可以理解为大数据时代针对企业商业智能要求的数据分析的范例变化。

然而，最终这些问题只能在企业个人在具体的专业要求的条件下进行解释。无论如何，都不能将特殊情况下对于数据分析模糊性的接受，视作一般情况下对数据分析模糊性的接受。对相关的传统评估的高要求必须保持不变。

4.4.4 大数据和数据收集者

大数据时代一个重要的方面自然是巨大的数据及存储这些数据所产生的成本。该主题要求数据管理中有新的策略思考，并提出了问题：那些数据应该保存多久？

很明显，如果人们遵循传统思想，首先尽可能将所有的数据存储起来，然后再考虑人们可以用它做什么。这样的话，大量数据的信息技术建设将是一种烧钱的举措，这种思想是大数据与生俱来的。

这里就体现了专业领域与信息技术在一个高级整体战略的指导下进行紧密合作的必要性。因为在传统的数据仓库和商业智能中允许作出此类决策，比如从纯粹的技术角度，比如出于可供使用的存储容量和系统的可维护性，删除部分数据，这种行为在大数据环境下也是不可行的。

即使信息技术部门总是同意商业中的此类决策，在商业过程中，从数据获取和进一步加工处理的动态，到分析结果的评估和反馈，都反映了在大数据的环境下，参与其中的专业部门和信息技术亟待进行更加紧密的合作，由此才能保证重要数据的可用性，并且系统清理数据垃圾。

根据专业杂志 ireport 的调查研究表明，78% 的企业都从其信息部门开始推动大数据战略的制定和实施，这并不奇怪。埃伯哈德·汉斯（Eberhard Heins）在他的一篇文章中指出"大数据的增值尚未被开发"，该文章也以这一观点命名（参见：Heins，2013）。

这里可以推荐一个真正的范例变化。

4.4.5 直接分析大数据

在普遍坚定的数据分析方向，企业更大的一步是，企业中的数据分析可以将专业领域的整合通过由核心信息技术提供的分析平台得以实现。

围绕着大数据的技术发展产生了一系列的分析工具，凭借这些工具，人们可以独立且以极低的信息技术协调成本（关于数据的生成），进行自己的分析。

专业领域必须明晰的是，想要实现这种愿望，比如通过引进"DataMeer"之类的工具，必须切断影子 IT 和与之相关的阴影化过程。这样，大量的主题都将得到实质性的解决。我们对此不进行详细讲述，然而这在过去已经导致了专业领域与信息技术之间协调产生的高额摩擦损失，从而导致了高额成本，而非企业的增值。

专业领域和信息技术的紧密结合是大势所趋，目标便是真正提高工具的潜力。新的工具除了将这一点变

> **重要：**
>
> 　没有具体分析背景的数据收集时代已经被大数据时代所终结。

成了必然外，还带来了许多可能性，也可以理解为带来了机遇，从大数据这一主题中建立有意义的合作模式。

在第二章和第三章中我们详细地说明了其重大的意义和极大的机遇，这是由对大数据的整体考虑、合作模式的诞生，以及对企业所有的积极影响所产生的。

随着人们利用这些机会，一些变化也随之产生，这对于许多企业都意味着企业结构中的一些范例变化。与此相关的主题如"用数据讲故事"和"游戏化"以及大数据具体实施时的进一步工作，我们将在第八章进行探讨。

第四章总结

◆ 大数据时代，商业智能的复杂性增加表面上是由技术层面上的数据容量、不同性质的数据结构和新的数据等级导致的。

◆ 复杂性增加更大程度上是因为专业部门和信息技术需要大幅度协调。在整体战略和具体行为计划的框架下，这是非常必要的，这样数据的多层次性才能够得到整体理解。

◆ 战略性基本方针的缺失或者并不独立可能会导致摩擦损失，企业通过忍受高额成本和信息的不透明，投入资源并且建设"阴影信息技术"及"阴影化过程"，以此来弥补可能存在的摩擦损失。

◆ 这种认知必然会导致意义斐然的合作模式的建立，能够连接所有的能力，将现有的资源引向目的。

◆ 这个过程中要注意的是，提高大数据的潜力会导致人们对可测量的企业增值日益期待。这也要求有着不同专业知识背景的所有层次的参与者进行永恒且广泛的相互协调。

◆ 与商业智能相比较，大数据分析法提出了一个新的要求，尤其是所形成的时间维度。

◆ 传统方法的组合，比如数据挖掘，在商业智能中已经广为人知，比如诊断式数据分析，提升了大数据分析法的整体潜力。

第五章　大数据与内存——可行性的新维度

本章内容：

◆　什么是"内存"

◆　大数据和内存应用实例

◆　技术可行性是否永远有意义

正如我们在第四章中所写，人们把引发大数据经济潜力的特殊分析学方式视作四种因素的组合，这种方式一方面可以理解为传统概念继续发展，另一方面也可以理解为是新概念的附加产物：

◆ 大数据，也就是大量数据本身

◆ 预测性分析，正如我们在商业智能中所看见的那样

◆ 数据挖掘，也就是借助数学统计模型进行的分析

◆ 内存，也就是在数据产生时进行的实时分析

当谈论大数据的潜力时，人们往往都默认一点，那就是这四点因素同时被投入使用。这样使得在交通控制当中，在实时交通状况中产生的大量数据能够被立即评价、预测性分析，并将交通行为建议直接反馈给驾驶员，用于绕过堵塞或提前避免堵塞。

正是大量数据和实时分析进行结合，产生了一种全新的可行性的维度。但这种实时分析成为现实内存技术的背后，究竟隐藏着什么？在我们描述具体的应用实例之前，先来探讨一下这个问题。

5.1 什么是"内存"

"内存"的产生由软件和硬件中一系列近乎是巧合的趋势引起，是日益重要的体系结构草图，用于代替常见的数据仓库（DWH）标准结构。

在过去的 10 年内，中心数据仓库和特定领域数据库的辐射状结构一直是商业智能的参考结构【参见：巴赫曼（Bachmann）和肯珀（Kemper），2011 年第二版】。新的发展通常仅限于这一参考及结构框架下的细节问题上，在真正的结构意义上却根本没有出现。而过去几年的发展和趋势也同时从多方面探寻着这种传统结构。

受成本、时间压力和想要更加灵活的愿望的限制，软件开发方法渐渐朝着敏捷的方向变化（如 Scrum 方法、快速原型方法、极限编程方法）。同时，过去几年硬件的发展也通过多核技术提供了一种完全不同的技术基础。比如现在拥有四个 CPU（中央处理器）的标准服务器，每个 CPU 都有 10 个计算核心，这样在每一个脉冲内都有 40 个计算核心在工作。

在 3 — 5 年前，拥有同等计算能力的服务器还是一台价值约一百万欧元的大型计算机，而如今已经是能够在任何一家硬件厂商那里得到的标准服务器了。在同样常见的 8 个 CPU 版本的服务器中，就有 80 个计算核心在工作。若令 10 台这样的服务器并行运算，就有 800 个计算核心可供使用。

此外，现在的系统都配备 64 位地址空间，有非常大的 RAM（随机存取存储器，计算机的主工作存储器）存储范围编址。如今的标准内存应用可以延伸到每单位 1TB（太比特）的 RAM，达到了一台一般笔记本电脑的硬盘容量等级。

这些发展趋势的共同作用，使得一种颠覆性的做法成为可能：客户机 / 服务器原则是基于存储空间受限的假设，因为服务器的工作存储器空间有限，一项事务只会被尽可能短时间地存储在该存储器上并马上被转写到硬盘上。这对应着如下的数据库概念：数据库应用从存储器上获取数据并写到硬盘上，然后存储器清空，用于接受新的事务。

有了上面所述的发展之后，数据不再必须被马上转写，而是可以保留在主存储器（内存）上。

与这种趋势对应，之前发展的重点落到了优化主存储器和硬盘之间的读写能力（I/O）上，使得工作存储器空间可以马上释放。与之相关，硬盘上还安装了能够预先整理数据的电子模块，这样在从硬盘上读取数据时只会读取真正相关的数据。

在新的思考方式下，发展的重点如今移到了优化主存储器和计算核心的读写能力（I/O）上，以下两点为此提供可能：

1. 并行运算：制定一个尽可能利用所有资源的执行

计划。在执行查询（对数据库的询问）的过程中，可以被并行执行的步骤识别，可以进一步在不同环境的操作间再进行一次并行（计算的并行、词典的并行等）。

2. 优化数据结构：在这里的作用是使存放的数据结构能够最优地利用主存储器和 CPU 之间的缓存（中间存储器），使计算核心能够持续工作。这种存储方式尤其适用于大量数据的分析过程，因为集合函数通常都需在各个列上进行计算。

在当今按照上述原则工作的内存数据库中，数据的访问速度大大加快，并能够快速在所有数据中进行搜索。这是因为对主存储器的查询读取时间是最快的纳秒级别，有了显著的性能提升，远远快于传统的对硬盘上的数据库的读取时间，其查询时间在毫秒级别。根据类型的不同，一部分内存标准应用可以每秒搜索 800 亿条记录。这也导致了常见的耗时的数据库索引被省略，因为搜索所有的数据更为简单。

进一步的，内存数据库和其应用不再以传统数据库应用中常见的物化视图工作。物化视图是数据库的一项功能，能够将计算的结果或者数据详细持久地保存在数据库中。原则上物化视图是普通表格存入视图请求的结果，该功能的优点是性能的提升，因为再次出现同样的请求时可以使用已有的结果，但其缺点是使用的结果是根据旧的数据产生的。

内存应用通常只使用虚拟视图，在请求发出时读取数据并执行视图中包含的计算，这样就能够进行（近似的）实时分析：当

大数据时代下半场：
数据治理、驱动与变现

新的事务要被写入数据库时，可以同时通过虚拟视图用分析模型查看数据。

急剧提升的计算速度，也使得传统的概念，即必须将被分析的数据通过网络从数据库传输到应用界面并在本地被处理。更有效率的是在数据存放的地方进行分析，因此内存数据库及其应用渐渐地将计算操作从应用界面转移到了主存储器的内存数据库中。图 5-1 在数据处理过程从传统数据库系统到内存数据库的转移。

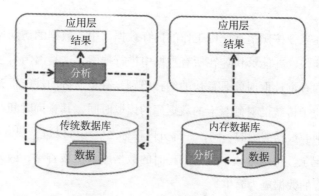

图 5.1　内存——快速主存储器中数据分析的转移

5.2 大数据和内存应用实例

5.2.1 诈骗管理

"诈骗"指的是对企业的潜在能力进行非法的、有损经济利益的利用，这其中包括几乎所有的经济犯罪行为。诈骗降低企业的利润，产生大量的行政资源浪费，并损害了顾客对企业服务的信任【参见：肯珀（Kemper），2007】。

在大部分诈骗事件中，信息技术都被用于犯罪行为。企业在与这种诈骗行为的斗争中看到了新的挑战。

一个在过去一段时间内变得越来越重要的因素，是大量的不断以指数形式增长的需要被处理的数据。

> 提示：
>
> "大数据"对于诈骗管理非常重要！

1. 诈骗管理的划分和起源

由于要负责地领导公司（公司治理）面临公共的和管理上的压力，公司合规越来越受重视。公司合规指的是公司遵守公司相关法规的体制，进一步可以被理解为风险管理的一种自律。标准引导的合规方法只单方面关注正式的规定和非法行为的规避。典型的措施和工具是跨公司的详细行为准则，监管与控制系统的设立以及对违法行为的制裁。

但合规在诈骗管理方法的划分中只是更广泛应对经济犯罪的管理方法的一部分，还缺少基本的、公司特定的、考虑到公司自治的要素。

诈骗管理的发展起始于大型金融服务提供者的环境中，当时引入诈骗管理是为了获知由欺诈性的金钱操作引起的有威胁性的损失。紧接着诈骗管理从金融领域扩展到了经济世界更广阔的领域，并由于特殊的技术条件获得了其独立的含义。同时诈骗管理也渐渐被顾客视作一种服务特征。

2. 诈骗管理的链接功能

诈骗管理是组织上和技术上的方法的综合，在立法上是为了避免、发现和消除不被允许的行为。诈骗管理的内容可以分为三个任务：诈骗管理（协调/领导）、诈骗预防、诈骗监测。

为了做好应对诈骗行为的准备，不仅要提前发现诈骗行为（诈骗监测），还要采取预防措施（诈骗预防）。这些措施应该与反诈骗管理联系在一起，形成一个闭合回路。

诈骗管理对诈骗预防和监测活动有组织上的链接作用，是典型的管理任务，而诈骗预防和监测的运作则更偏操作性并有很强的技术性。

诈骗预防指的是预防诈骗的方法的发展和实施，在企业的各个组织中诈骗预防一般分散在各个部门。

除了被人们熟知的技术方法，如信息技术领域的数据库访问保护、防火墙、密码技术等之外，诈骗预防也能通过相近的组织措施来进行。超过半数的遭遇过经济犯罪的企业预计，通过提高员工和管理层的敏感度能够避免经济犯罪【参见：毕马威（KPMG），2006】。

这些措施可以通过该领域对应的理论所支持的观点确定。这些理论的重点除了可行性之外，还有什么样的环境对犯罪行为更加重要这个问题。例如在唐纳德·R. 克雷西（Donald R. Cressey）的模型中，预防工作是对条件、动机和辩护三方面的削弱。

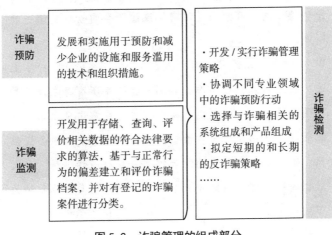

图 5.2　诈骗管理的组成部分

3. 诈骗监测：大数据环境中的挑战

诈骗监测的主要工作是开发存储、查询、评价相关数据的符合法律要求的算法，基于与正常行为的偏差以及对有登记的诈骗案件的分类判定，建立和评价诈骗档案。诈骗监测按照诈骗管理系统（FMS）的规则工作，在顾客有可疑行为时发出警报。

按照互联网协议在互联网上进行付款处理时必须满足很高的安全要求，这时的诈骗监测分为：

（1）主动诈骗监测（主动诈骗监测系统）。在支付交易时，会在释放交易前运行在线的内部测试。除此之外为了主动预防诈骗还会进行各种各样的测试。如果一次交易缺少了某个测试，那么这次交易会被转移，并发出错误信息，可疑的互联网协议编号会自动被关闭一段时间。

（2）被动诈骗监测（被动诈骗监测系统）。除了上述的措施以外，被动诈骗监测还会检查所有存在诈骗尝试的交易，长时间监视交易数据并将异常信息上报给诈骗管理系统用于进一步检查。然后通过与支付服务提供商、银行以及国家机构的合作，采取对应的措施。在大数据时代，诈骗数据分析中存在的挑战主要可以归纳为下述两方面【参见：德克森，格伦德和赫尔德·冯·施密特（Derksen, Grund & Herde von Schmidt），2013 年】：

①快速上升的数据量要求

a. 新的分析模型，如过滤器、联系、分割等；

b. 一个能够处理这些数据的 IT 架构；

c. 对每种用途各有一个能够（近似）实时分析大量信息的 IT 架构。

②不断变化并愈加复杂的诈骗模式要求

a. 对监测方法的不断更新；

　　b.需要有一种能够在大量数据中识别未知的诈骗模式的技术。

从技术角度来看，挑战首先存在于对所需数据的整合和对应的处理过程。在实际中还会因为以下几点增加额外的难度：

　　③一部分业务流程分布在若干个系统上。
　　④数据结构更加复杂，加大分析难度。
　　⑤只有在技术上能够应对大量数据，才能对所有相关的交易数据及时进行分析。

4.诈骗监测的分析方法

诈骗监测主要有以下两种不同的方法：

　　（1）经典的假设驱动的方法。在 OLAP（在线分析过程，Online Analytical Processing）中，经典的假设驱动的分析方法是以一个工作假设为前提的，该假设从一开始便限定在各种问题中应该检查哪些数据。随后这些假设会被对应地证实或者否定。
　　（2）数据挖掘。为了在大数据时代有效地评价数据，数据挖掘技术逐渐受人们重视，尤其是当需要被监视的流程没有对应经验的数据基础时（如顾客的行为模式）。为了能够在诈骗监测时识别异常情况的提示或者流程的偏差，就必须能够发觉当前的未知的模式或者内在联系。

这可以通过数据挖掘技术（参见 4.3.1 节）实现，如聚类分析、回归方法、关联分析等。从与正常行为的偏差中得出模式，用于建立监视用的规则集。

为了明确数据挖掘的必要性，我们来看一个负责对重型卡车收取通行费的道路服务商提供商的例子。由于路费收取系统不断在技术革新，在世界范围内都不存在系统使用者的行为数据。为了能够从使用者与正常行为的偏差中得到用于监视诈骗的规则，作为前提首先必须要描述出正常行为的模式。这些复杂性决定了在分析每日产生的大量数据时要使用数据挖掘技术。

5. 解决建议

由于如今数据库领域的新发展，这些技术挑战要用对应的 IT 架构来应对解决。内存数据库分支的最新发展使得对存储在若干个系统上的拥有复杂数据结构的数据进行（近似）实时分析成为可能：

（1）所有分析的数据都会在交易数据产生时（近似）实时地被复制到一个企业共用的存储库中。这种相关数据源之间的持续链接为数据随时进行分析做好了准备。人们不再需要进行手工操作和耗时装载。

（2）对应的授权通常会完全自动地传递下去，所以上边所提的数据保护问题也就不复存在。

（3）除此之外，经典的关系型数据库中存在的整合问题在内存数据库技术下也不再必要。

（4）借助虚拟视图，使实时分析成为可能，因为结果会在数据运行时集中得出。与此相反，在经典的"物化视图"中，结果会一直以汇总表的形式被存储。同时这种视图建立于当时"完全物化"的数据集之上，现在已经过时。

（5）在数据挖掘技术中，到目前为止的模式和关联所带来的日益增加的数据结构难度还有待进一步深入研究。

6. 诈骗管理小结

诈骗监测作为诈骗管理流程中由数据驱动的一部分，受到大数据的巨大影响。通过我们所讲的在内存技术环境中应用新的架构的解决方法，上述的技术挑战正不断地被克服。然而持续增长的数据量和技术上通过新架构管理的诈骗监测系统之间的矛盾却持续存在。

如上文所说，通过广泛的自动化分析，潜在的用户群体在不断扩大。然而我们也不能忽视由这种自动化分析引发的对数据挖掘算法的专门知识需求的增长。

5.2.2 交通管理——从自动停车系统到 Google 汽车

1. 背景状况

从为单个驾驶员提供的专属服务到交通管理中的复杂情景，交通规划和汽车行业为内存和大数据技术结合的潜能提供了一系列广阔的施展空间。尤其是在我们日常生活中，机动性变得越来越重要，路上的交通却越来越繁忙，为了减轻驾驶员操作交通工具时的压力（辅助驾驶、导航）并最优化使用交通基础设施，需要大量用到内存和大数据技术。

从单个驾驶员的角度来看，在社会对交通管理的讨论中，个人的自由度处于核心位置。汽车一如既往地作为身份象征，拥有突出的个人识别价值，人们都希望尽量不受限制地使用它。考虑到汽车市场的发展与交通量在大城市和特定时间持续地增长，这种需求的目标间也存在着矛盾，那就是私人交通工具的大量使用也难免会限制个人自由，尤其是在交通枢纽处。

这是在社会组织中和另外一些话题领域的核心议题。如今，交通网络处于崩溃的边缘，因为最小的干扰，如在施工时实行的临时的必要的单行，或者不可避免的小的追尾事故，都会让这个脆弱的系统陷入混乱或完全停滞。

目前仅是德国就有 5870 万辆机动车，其中有 4340 万辆轿车（参见：德国联邦汽车局，2013）。每天德国道路上汽车行驶的总里程达 31.7 亿公里，相当于环球旅行 7.75 万圈（参见：德国道路交通状况，2011）。

在这种背景之下，对已有技术的持续使用能够带来真正持续的文明进步和社会增值，因为这既能满足个人自由的愿望，也能最优化使用一般基础设施。正如我们在第三章详细论述的，这里我们能从自下而上原则的视角显著地看到大数据提供的可能性。因为人们不能再将政府作为中央控制机构去克服这些基础问题，细节问题所具有的一定的复杂性使得政府的管理措施不再有效。公众对于施行限速的讨论并没有广泛、实质、持久地解决问题，而是缺乏细节上的考量。

2. 智能辅助工具及其界定

现代技术和媒体的使用者已经做好准备，将大量的数据和个人信息为个人具体所用。在导航设备领域我们也能看到，传统导航设备的销量已经持续几年下降，这主要是由于手机应用等替代品数量的持续上升导致的，而这一点也有其优点，那就是使用者不需专门携带、设置这些设备，而是可以随时将其放在裤兜中（参见：微型导航有限公司 pocketnavigation.de，2012）。

配有 GPS 定位系统和持续互联网链接的智能手机作为导航设备简直再合适不过了，这从导航应用在 iTunes 等应用商店的销量排名中就能看出。过去，人们还需专门准备一个烦琐的 TMC 天线用于接收交通信息，而如今只需简单地通过已有的互联网链接下载它们。借助推送功能这些信息甚至还能实时到达。这些可能性不仅激发着导航应用的开发者们不断涌现新的主意，也激发着开发者开发出其他新的应用产品。

导航应用的另一个好处就是人们能够实时性地从互联网上获得例如堵车等交通信息，这些信息被直接下载到导航应用中，并在用户需要时在应用中自动根据这些信息动态更新路线规划。这样，用户就能在及时得到通知后绕开堵车线路。

但正如大数据本身一样，在这种应用情境中，人们也不能单单指望技术来提供问题的实际解决方案，而是要求人们自己作出最终决定。导航应用的用户肯定遇到过这种情况：被推荐的路线并不总是那么有效，因为通常在绕路的途中也会存在堵车，并且由于改变了路线，新的路线有时反而会耗费更多的时间。这种对人们最终决策的依赖性，我们会在后面的章节中重点论述。

现在我们先回到内存和大数据技术在交通管理领域广阔的应用范围的讨论上。

3. 反向通道的潜力

如前面所说，因为现在的智能手机一直连接互联网，并且根据其实时的 GPS 装置获取信息，所以也能够做到将这些数据上传到服务器上。这一过程可以是匿名的，因为个人信息对于这些信息并不是必需的。

此外已有一些导航应用生产商在做新的尝试，例如交通实况导航，这是一个导航应用的收费扩展功能。但如今这种扩展只能得到关于导航车辆的不明确的信息。通过输入车辆各种基本信息，如车型等，就能够在任何时刻通过车体大小准确地分析出车辆位置。

现在将这些数据与其他车辆反馈的数据进行结合，能够得到各个道路实时交通状况的准确描述。由一个专门的大数据系统通过分析，将其与其他道路上的实时交通量进行比较，及时给每一个涉及其中的驾驶员绕开堵车的建议。

通过对所有可用信息和个人反馈的最优评价能够减轻替代路线负荷过重的问题。在计算替代路径时还会考虑到事故状况、交通限制（限宽或者限高）或者特定路段的限速等进一步数据。

以色列的导航服务供应商"Waze"在这方面更进了一步（这家公司前不久被 Google 以约 10 亿欧元收购）。这款应用是一款传播速度极快的、以公众为基础的导航应用，它将其他厂商已有的概念免费并几乎同质量地以社交媒体理念进行传播，使其升值，约 4500 万用户实时分享着其交通和位置信息。

Waze 在这些数据的基础上生成一张实时地图，用户不仅可以看到其他 Waze 用户，在必要时查阅其用户档案，还能得到其他用户关于封路、流量限制的提示，甚至在用户想要并设定过之后，看到其他用户驾驶过的路线（参见：Waze 移动，2013）。

在这些信息的基础上，发布拼车、在虚拟的车队中组队旅游或者用户之间相互告知附近各个加油站的油价等信息都变得容易了许多。而 Google 对 Waze 公司的收购也有了初步成果，Google 的安卓操作系统在 2013 年 11 月加入了 Waze 功能。

4. 前景展望

正如我们在前言中描述的，对新的应用和功能的想象是没有界限的。一些在数年前还会被多数人认为仅仅是科幻的、富有远见的方法，如今已经能被技术实现。

一些评论家预见，在不久的未来，每个车辆都会装配一台链接互联网的行驶记录仪，匿名传输位置信息，而车辆的信息如质量、能耗、加速度等也会被同时传输，一个中央系统持续对这些信息进行评价。装配测距仪和辅助驾驶系统的新型汽车在今天就能够实现对详细环境信息的收集（与前方车辆的距离，旁边驶过车辆的频率等）。车辆还能接收到其他尚未装配最新技术的车辆的信息，这些由高技术车辆产生的数据也会被传输到中央系统中。

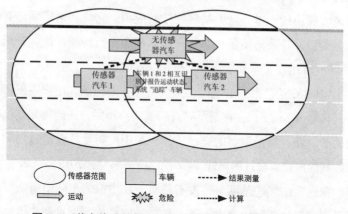

图 5.3 装有传感器的车辆可以识别没有装传感器的车辆

现在很多收费站借助内建的二维扫描仪，每一辆驶过的车辆的信息都会被获取，这些数据会被用于确定车辆的轴数及其长度，这样就能够根据卡车收费的规定确定这些车辆是否需要缴费。这些数据仅会被用于分析，并在车辆缴费完毕或者确定其不用缴费之后立刻删除。可以想象的是，那些没有以档案方式上传车辆信

息的车辆也会被测量并在有效距离内扫描，这些信息就能被用于
交通预测上了。这样在数据分析时，那些没有装配必要的传感器
和交流工具的老式汽车也能够提供充分的信息。

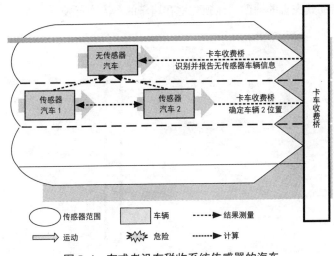

图 5.4   有或者没有税收系统传感器的汽车

这里我们看到了技术的融合及其所能带来的巨大潜力，它能
够实时地用非常逼真的方式展示出所有高速公路负荷的详细情况，
更新周期很短（数秒），测量精确，在显示时能达到厘米级别的
精度。

5.Google 汽车与驾驶辅助系统

我们的展望还没有结束，近年来制造的汽车已经能够读取路
牌信息并在需要时自动适应驾驶速度。它能够在人们驾驶汽车过

快时刹车，或者在人们踩下油门后进行超车。根据系统程序编写的逻辑，在需要时车载电脑会接管转向操作。在堵车中这种汽车能够在前车启动后自动行驶，并在必要时刹车。这些汽车已经能够借助其完善的辅助功能独立地在堵车的车流中行驶。

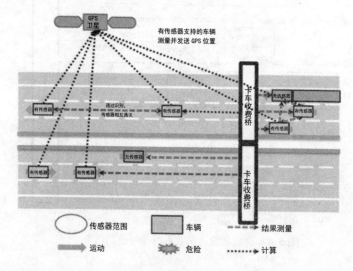

图 5.5　借助卫星控制车距

　　这些汽车的远程通信质量非常高，所以这些系统非常安全可靠，以至于已经有很多服务和辅助功能用于减少对驾驶员的干扰。各种传感器和流程已经能够保证驾驶员 100% 不受外界影响。

　　但它现在还存在一些限制，比如尚没有统一的总线系统或者操作系统。各个汽车生产商都在研究自己的软件、自己的应用、自己的车载电脑，这是各个厂商发展的重要组成部分。只有一小部分能够清晰分离出来的组件会由外部公司开发并封装用于集成，例如蓝牙免提装置。

显而易见的是，各个企业已经在尝试消除这些间隔。2004年，Google的专利"EP 14127741"已经为不同数据源的融合提供了基础，这将允许中央系统对所有收集到的数据进行评价和分析。Google很可能正在致力开发一款通用的汽车车载系统，正如他们公司开发的通用智能手机操作系统一样，厂商通过缴纳相应的费用获得操作系统的许可。

从不同来源收集数据，并能对其进行可靠的、如上文所述的评价分析，这有着无限的应用前景。可以想象，人们在从A地驶向B地时，不再需要使用方向盘，一个对应的驾驶辅助系统如飞机的自动驾驶系统接管驾驶员的所有工作，并能对在系统初始的虚拟环境中不存在的现实车辆作出反应，并向服务中心报告，以便能自动地、最优化地处理这些情况。

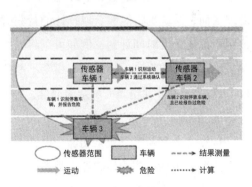

图5.6　通过传感器识别危险源

危险识别系统也会变得更好。系统能够确认哪些车辆具有传感器，能够感知技术上的危险源，例如没有定期保养或刹车片磨损，这样就能够提醒驾驶员。甚至在理论上也能通过中央系统让该车停止行驶，并不能够再启动。也可以考虑让那些保养情况较差或者较旧的汽车在跟随其他汽车后面行驶时，保持更高的安全距离。系统不仅仅能够感知到道路上行驶的车辆，还能通过其他车辆获取例如停在路上的车辆的信息，以防其对后面车辆构成威胁。

而如今在一般交通管理系统的上一级中已经设有交通引导系统和流量控制系统，能让交通更加顺畅地运行。这些系统由中央系统控制，但仅拥有不完整的评价功能，用于反馈给上层控制系统。不过这一缺陷应该能够在不久之后得到解决。

现在人们已经对未来的这种技术抱有相当大的信心，在美国的内华达、佛罗里达、加利福尼亚等州都已经订立了有关"自动驾驶汽车"使用的法律，允许人们使用这种车辆。而欧洲的比利时、法国、意大利等地也在构思对应的交通引导系统。

在个人助理层面，系统也将能够获取预计的行驶时间并与其他应用关联，用于优化个人时间计划，例如可以将路线规划与智能手机的闹钟关联。不久的将来，智能汽车还会不断测量自身的关键性能指数（KPI），例如油箱当前剩余的油量，并传输给上级系统，用于在某处加油站计划必要的停靠。

未来的汽车自然也会有停车位搜索功能，因为空闲的停车位会通过同样用于位置和距离检测的传感器上报给中央系统，其他用户（车辆）可以从系统中再搜索这些信息。当车辆到达目的地时会自动停好车，不需要驾驶员进行任何操作。

然而对一些人是"美丽新世界"，而对于另一些人有可能是"恐怖景象"，因为当系统完全接管驾驶操作时，驾驶的乐趣也会大打折扣。但如果我们想要在未来能够保证所有驾驶人完全的机动性，这种代价也正是我们所有人必须付出的。这里我们面临的正是一般公众讨论的一方面，即现代技术在造福大众的同时，如何只在必要的范围内限制个人的自由。

无论如何，上述的服务所带来的经济利益从一般社会的角度，或者更准确地说，从国民经济的角度来看是非常巨大的，并且车辆系统的发展对企业也蕴藏着巨大的潜力。无论在社会还是企业中，对于智能系统的融入起着决定性作用的是所有参与者接受改变的意愿，既是在个人层面上也是在集体层面上。尽管距离自动驾驶汽车的实现还有很长时间，但很多企业已经致力于研究具体的解决方案。

5.2.3 插座中的大数据

1. 社会主题的背景

人们应当如何有意义地利用数据来实现高级目标，这一点可以以能源市场为例得到解释。能源市场显示了在合适的社会条件下，企业和客户相互作用，相互协调这种模式也产生了变化。为了显示大数据在这种关系中的意义，我们首先需要简略地考察一下原始情况。

两个主要因素构成了2014年电力成本预计将继续上涨的原因：

一是维持供应安全性。

二是可再生能源法规定的税收越来越高,在生产者
方面,可再生能源的份额也水涨船高。

在德国,供应的安全性由能源经济法第一条所规定(参见:
德意志联邦共和国法律部,2005)。该条款的目的在于"尽可能
安全,价格低廉,受消费者喜爱,高效且环保地向大众供应电、气,
这些越来越依赖可再生能源"。

法律条文中提出的要求极其高。首先与之相关的是,在电的
生产中以及在能源价格的制定中,许多因素起着重要作用。政治
家们在寻找着途径和出路,以满足社会对于干净且价廉物美的电
力的要求,并且不给子孙后代带来新的问题。联邦经济科技部监
督着电力市场的发展和走势,每两年发表一份报告,谈谈对当前
的形势和对相关主题的新认知。这个过程中,"电力缺口"和"供
应缺口"这两个概念与这个主题紧密相连。

关于电力缺口,也就是电力赤字,是这样描述的:人们消耗
的电超过了可以输送的电。这导致了地区性,当然也可以是超地
区性的电力不足。超区域范围内的灯火管制不仅会对经济,也会
对整个国家的公民产生致命的后果。

根据经济部的统计,仅仅是这样的电力缺口造成的经济损耗
在 2011 年 5 月就高达 6.5 欧元每千瓦时(参见:《法兰克福汇报》,
2011)。德国一天之内就要消耗 16 亿千瓦时的电,每日损失高达
104 亿欧元,远远超过了德国每天的国内生产总值。

能源企业在过去争论德国无法放弃传统的能源形式。饱受争
议的核能在过去被视为填补电力缺口的有效工具,核电也被视为

是价廉物美且相对安全的能源。然而自从减少核能利用成为既定事实以来，德国最后一所核电站将最迟在 2020 年年底停止使用。此后又将回归到主要依赖火力发电和燃气发电来保障能源供应安全的时代。这些发电站需要在最短的时间内迎合需求，生产大量的能源，并为保障能源供应安全作出贡献。

然而，如今的讨论不仅仅是围绕着能源供应安全方面，可再生能源的支持者们要求如此使用传统能源：只能够在冬季，也就是能源达到最高负荷量，供不应求时，才可以使用传统能源。尤其是在预期的气候变化的背景下，许多专家提出对工业国征收高额的二氧化碳税。洁净能源已经不再是少数人的希望了。

一个有效的能源纲领必须考虑到一系列因素，不能忽视经济方面，也不能对就业造成威胁，更不能对自然环境产生危害。传统工具几乎不能同时将各方面的利益妥善处理。

可是这一切与大数据有什么关系？

这个问题我们将在下一节进行深入。

2. 智能电表

电能需求的预测数据第一个来源便是电能使用者，在电能客户那里，通过合适的分析系统，消费数据就可以一直被计算出来。在德国的家庭中，如今首先是传统的"弗拉里斯感应式电能表"得到广泛应用——一部分家庭已经从十几年前开始使用。使用的器具越老，反映真实的消费越有可能不精确，尽管它们也定期被校准。

德国卫星一台（Sat1）的一档节目 Akte 在 2008 年 6 月的抽样调查表明，40%—50% 的电表测量的能源消耗过高，甚至高出 50% 之多。

为了改变这一状况，在德国安装智能的电流计数器，也就是所谓的"智能电表"是大势所趋。这不仅更加精确地测量了当前的电流消耗，而且不仅利用了业已存在的多种多样的通信技术，比如固定电话或者移动电话，而且还利用了本地网络或者可编程逻辑控制器，用来定期传递测量结果。

鉴于数据传输的灵活性，如今，人们可以想象智能电表可以在极短的时间间隔之间准备好消耗数据，由此不仅可以创建一幅关于当前电能消耗的精确图表，也可以从历史视角分析家庭的消耗在过去是如何增长的。

想要利用传统数据的处理方法十分困难，甚至无从操作，仅仅是等待处理的数据量就给现有的数据库提出了很大的难题。人们可以这样看，如今，在德国有 4100 万个电表是智能电表（参见：德国电气电子和信息技术协会，2013），每分钟必须处理四千一百万的数据。

一些简单的传播问题，比如手机网络过载，或者目标系统缺少处理方法就会立即造成拥堵，使得单个传输寸步难行，尽管现代的智能电表为数据中期储存建造了一个缓冲器。

3. 大数据及其负载特征

现代移动网络基础设施可能成为大量数据传输的瓶颈，但是如果不考虑诸如此类的限制，大量数据就可以像第七章描述的那样，通过大数据和内存技术进行加工处理。通过对数据的收集、存储和利用，一个极为精确的消费记录、单个电表所显示的负载特征就此留下，由此，可以计算出每个家庭和企业所使用的电路连接，从中获得的信息很有可能帮助人们作出对未来消费状况的预测。图 5.7 显示了一口之家负载曲线。

一个积极的影响是，客户通过投入使用的电子设备而对事实消费变得敏感。如今一些电力供应商可以直接在一个在线端口显示那些通过智能电表计算出来并且发送到发电机的数据。

甚至单个插座也是可以被计算分析的，从而每个家庭电器的耗电量都可以被分析和显示。

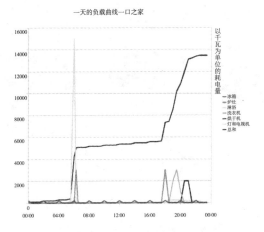

图 5.7　一口之家的耗电量负载曲线（资料来源：维基百科，2011 年）

客户从中可以知晓，哪一个家用电器过于陈旧导致耗电量过高，需要将其更换，从而节省未来的费用。这种透明性，不仅使

大数据时代下半场：
数据治理、驱动与变现

得客户可以高效节省地使用能源，在供应商那一边也诞生了一种新的商业模式。客户常常很意外，因为他们只有在最终结算的那一天才能够真正知道那一段结算时期内精确的耗电量。假如智能电表能够成为常规，那么人们就能够永远控制和计划耗电量。

4. 工业 4.0

借着数据和智能电表的东风，"智能电网"就此建立。智能电网使得客户个体的行为模式都能够被计算出来，而且能够进行更加有效的电网控制。联邦政府在关键词"工业 4.0"下处理该主题（参见：联邦政府，2013）。如图 5.8 所示。

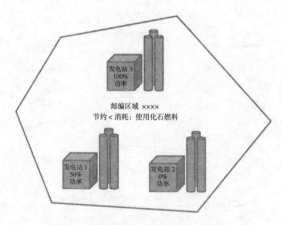

图 5.8　覆盖传统发电站的电力缺口

如果人们除了看单个电表的当前耗电量，也关注一下客户历史的话，就有可能确定区域和国家现在的精确耗电量，然后更加精准地进行预测。人们常常忽略这样一个事实，电力集团可以在能源交易所销售生产过剩的电能，于是电力集团便有可能通过不同的能源形式优化生产，而且必须生产出与传统的不可再生的能源一样多的电。

如今，客户在某种意义上也是部分的生产者，这里指涉的是一部分客户，他们通过安装风能和太阳能集电器，能够自行将电流输送到电网之中。他们不仅仅是电的顾客，使自身需求得到满足，在出现生产过剩时，他们也将电流输到电网之中。至于为什么客户自己输送电流，这点我们将在下面讲述。

5. 自上而下预测——最真实的意义

毋庸置疑，绝大部分可再生能源有着相对不稳定的来源。这里的问题是，必要的预测是否能够通过大数据使水平有所提高？为了收集消费规划和生产规划的必要数据，这个问题必须从两个方面进行考虑。

根据在之前段落中描述过的措施，已经有许多来自自下而上视角的精确数据可供预测使用者消费。然而，人类还是不能放弃传统的能源形式，因为仅仅考虑上述的维度是远远不够的。

假如人们把可供使用的电流视为可再生能源和不可再生能源的总和，那么生态电的生产量还是很难被估算的。对此需要几个进一步的来源。如图 5.9 所示。

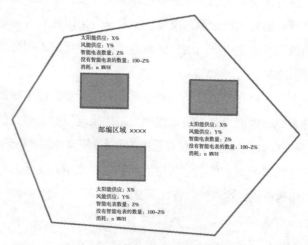

图 5.9 区域性的生产和消耗数据总结

为了识别不可再生能源可能产生的电力缺口，人们必须对所有能源要生产的电量有所了解——假如涉及可再生能源，人们可以根据天气预报进行自然规律分析。因为高效的太阳能供应必须以长时间的日照为前提。

假如没有一丝风，那么风力发电机也就成了摆设。水电站只有在大江大海水位不受损害的情况下才能够生产能源。另外，为了不影响河上的船只交通，降水也不可或缺，然而过多的降水量也会导致排水不畅，需要涡轮助排。

无论如何，天气预报相较于其他形式的预测准确性较高。24小时的天气预报如今精准度已经高达 90%，而三天内的天气预报准确度也达到了 75%。此外，还有一张广泛的测量站物候网。尽管其中的一部分站点无法实时传输测量数据，而且一部分只能够

每小时或者每天手动输入数据，这些数据还是能够确定一个地区
的风力发电站和太阳能发电站的生产效率。如图 5.10 所示。

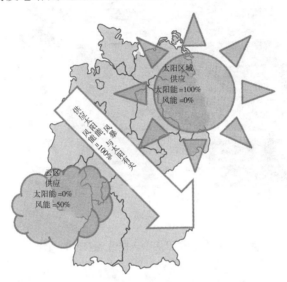

图 5.10　参考气象数据来达到预测准确性

利用卫星图，结合风力测量数值以及邻国的来源，使得预测
云朵运动成为可能。通过对云朵运动的预测，风力发电站和一部
分太阳能发电站能够收获能量，虽然空气湿度也扮演了一个重要
角色。

私人和国家的发电站都会登记数据，如此一来，通过智能电
表所有数据的链接并且联系气象学信息，人们可以算出哪些可再
生能源在接下来的日子中会生产电流，就可以对不稳定的能源，
如风、太阳和雨等进行相对精准的预测，而且由此预测不可或缺
的生产比率。甚至降雨数值也能够帮助计算，因为降雨会导致水

位上升，从而提高水电站的产出。

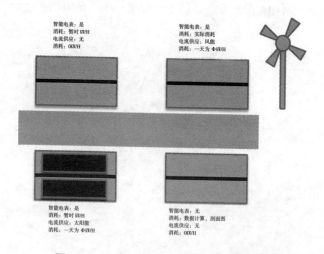

图 5.11　客户和生产者个人的能源获取和消耗

　　当然，大数据场景预见了公司和公共组织的进一步投资。然而，许多例子却显示，大数据在社会环境中，比如在能源供应中能够提供具体的解决方案。

6. 其他方面

　　利用大数据的潜力依旧存在着解释的必要性。根据能源经济法，只有在建筑物全面整顿或者新建时才能够使用智能电表。在常规的住宅建筑中，只有年耗电量超过 6000 千瓦时才必须安装智能电表。根据目前的计算，智能电表合适的评估基础最早会在2020 年出炉，适合评估的数据基础是在安装智能计数器的过程中逐步诞生的。

此外，数据保护者也应该注意，一个家庭的长期曲线逐渐接近于住户的行为控制。根据这一曲线，人们可以畅通无阻地分析，用户什么时候起床，什么时候离开家，什么时候再次回来，什么时候上床睡觉等。这时整个社会必须建立诚信，这样才能够说服公众积极参与到大数据的应用中。

家庭特有的长期曲线在应用实例中通过自动处理会有所减少。在分析了长期曲线之后，除了具体的数据保护意识，还要有更高目标的安全意识。尽管数据的网络化包含了未知的文明机遇，但是同时也包含了风险。自动的"鼓掌安全系统"可以精确控制发电站，使得人工干预成了多此一举。这一方面成为了一个有趣的现象，另一方面也蕴含了虚拟干涉的潜力，比如一个黑客攻击了网络，就可以使得整个地区陷入瘫痪。

这个主题显示，大数据技术可能性与社会问题紧紧相连。技术的哪些潜力可以得到利用，哪些由于安全考虑不能够实施，这些也成为了社会公开讨论的论题。

5.2.4 大数据，路面坑洼和肇事者

通过大数据创造社会增值不必总是采用如此复杂的形式，就如上述的应用实例那样。举例来说，很早以前，美国就已经出现了结合实际的数据利用，这通过私人和地方机构的网络化及信息交换产生。

奥地利新闻报在"路面坑洼和肇事者：大数据如何影响城市"

这一标题下，以波士顿城市为例，描述其通过一个应用程序将数据提供给每一个公民使用，从而减少了解决路面坑洼问题的成本（参见：奥地利《新闻报》，2013年）。

在这个过程中，汽车司机在免费应用"Street Bump"中自动存储汽车所经过的路面坑洼地段。智能手机携带着传感器，一声咕隆巨响就会被当成汽车所经过的路面坑洼记录下来。之后，司机将存储的信息发送至城市管理局，如此一来，数据既并非自动通过终端传输，也并非在公民不知情的情况下发送，而是通过个体的积极举动传送到城市管理局。

道路管理部门就这样在没有很多花费的情况下，对于路面坑洼的具体位置有了一个概览，并且可以以较低的成本控制道路修复。与此同时，数据保护和公民个人隐私的保护也得到了落实。道路管理部门根据给出的坐标位置，找到一个路面坑洼的前提条件是，交通工具的咕隆巨响不是由于其他原因引起的。从这么简单的一个例子中也可以侧面反映数据正确性这个问题。

上面提到的文章标题中还有另外一个词"肇事者"，这是另外一个应用领域：也就是所谓的"预测警务"，在美国已经得到了适当应用，这就涉及了可预见的警务工作。先前的犯罪统计结果可以用于其中，从而人们可以预见有可能发生犯罪的时间和地点，进而有针对性地投入警力进行预防。《经济学人》在《预测警务——想都别想》这个标题下举例描述了洛杉矶民众使用了这一新方法之后，不法行为的数量大大减少了（参见：《经济学人》，2013年）。

大数据所提供的机会，自然需要和其应用中可能出现的风险相权衡，这点，我们在下一节将进行简要叙述。

5.3 技术可行性是否永远有意义

鉴于技术可能性，貌似新应用的发展并不存在界限。然而技术可行性是否永远有意义？其内容在任何情况下对于每一个参与者而言都是合适的吗？当数字化世界重新回到现实世界时，哪些风险与数据分析中可能出现错误？这些问题使得人们深入哲学领域寻找其几乎取之不尽、用之不竭的理论可能。

随着预测警务的深入人心，行为分析和预测也由于大数据的存在而变为可能，我们想要知道，人们在这样的讨论中会遇见什么样的窘况。因为完全可以想象，结果导致相应的分析利用，一个特定的人也会存在一定的犯罪可能。这句话强调的是"一定的可能性"和"会"。当然人们会想方设法采取预防措施，然而人们真的能够监禁一个人，而那个人并没有真正实施犯罪计划？

鉴于一个事实，即分析结果是需要阐释的，而这是否正确却并没有定论。针对这种犯罪行为，人们应当颁布什么样的法律？案件的负责人肯定会向受害者或者受害者的家属提出这样的问题，因为人们本来可以预见惨案的发生。

　　这些主题基本上并非全新，因为在大数据工具诞生之前，根据专业人士的专业知识和信息，就可以在一定程度上预见一定的行为。大数据工具与传统工具的基本区别便是计算机进行计算。在此基础上，警察可以只锁定一个犯罪嫌疑人。这是一个非常棘手的话题，显示了大数据主题的复杂性。

第五章总结

◆ 大数据和内存技术并不一定是紧密相关的，然而在涉及大数据潜力时，这两者常常会被同时列举出来。

◆ 事实上，通过大量数据的实时分析，全新的应用可能诞生于世，这在没有大数据和内存技术时是不可想象的。

◆ 这些可能性为人类的进步提供了巨大的潜力，然而同时也蕴藏着风险。

第六章　大数据对企业的意义

本章内容:

◆　我们必须深入研究大数据吗

◆　大数据包含哪些风险

◆　大数据会带来哪些机遇

◆　以客户为中心,以创新为增长动力

◆　新的价值创造思维和数字商务模式

◆　大数据清单

在未来的几年甚至几十年，数字化将会对我们的社会和企业活动的框架造成巨大改变。不管是作为公民、客户、消费者，还是作为公司员工、自由职业者或者公务员，数字技术的社会文化影响和我们每个人都息息相关。数字化是全面且不可逆的，具有工业革命的意义。在任何情况下，企业都会受到数字化的影响。

企业在发展过程中，首要目标应该是适当地评估风险和机遇，之后开发先进模式来处理大数据，充分利用其经济潜力，并使风险和相关成本最小化。此外，基于现有数据库中的数据量得出结论。只有和其他因素结合在一起，才是大数据真正让人们震惊的时候。

6.1 我们必须深入研究大数据吗

在谈到企业和大数据的相关程度时，我们有必要再次正确认识企业和大数据两者之间的相互联系。作为一种动态的、结构复杂的数据现象，大数据仅仅是一个深层过程的表象效果。一方面，这个过程通过企业的技术发展而不断进步；另一方面，这个过程直接对企业产生影响。

这个过程与我们生活各个领域的快速数字化有关，在未来的几年甚至几十年，这种数字化将会对我们的社会和企业活动的框架造成巨大改变。不管是作为公民、客户、消费者，还是作为公司员工、自由职业者或者公务员，数字技术的社会文化影响和我们每个人都息息相关。数字化是全面且不可逆的，具有工业革命的意义。在任何情况下，企业都会受到数字化的影响。

一个企业是否通过大数据涉及数字化这个问题，需要从整体上进行理解。单单关注大数据群在一开始的时候就是错误的，并且会给企业带来巨大风险，就像在商业智能中只单方面关注技术问题一样，会给企业造成经济损失。错误的战略调整带来的经济损失主要有两方面原因：

　　1.技术上的不良投资，这类不良投资本身就不能为
企业带来可观的增值。

　　2.对于大数据实际提供的潜力没有有效利用。

在此背景下，有关专家发表了题为"大数据增值尚未被开发"
的调查报告，78%的企业表示应该在他们的IT部门鼓励大数据战
略。鉴于这个问题的复杂性，如若不对IT部门进行专业的支撑和
管理，此举注定失败。

在这个问题上，所有企业不能一概而论。根据企业在数字化
世界的参与度和企业对数字化的关注度，必须将企业按以下类别
划分：

　　1.大型全球互联网公司，其在数字化背景下积极推
进技术进步（如硅谷的公司）。

　　2.由于其商业模式而接近数字化技术发展的公司（如
电信企业）。

　　3.积极发展技术而对数字化带来的影响掌握主动权
的公司（如开源社区的企业）。

　　4.首先受到数字化的社会影响而后才深入研究应该
从哪方面关注数字化以及数字化的实际意义的公司。

前三类公司在应对数字化世界和由此产生的大数据现象并采
取正确的策略方面不会遇到任何问题，它们要么就是这一现象的

积极推动者，要么就是间接参与其中。

需要说明的是，最后一类企业的占比率应该是最大的，一定有行业和企业几乎是自己回答了有关大数据的问题，因为它们的价值和商业模式与数据息息相关。这类企业自然而然地受到技术进步、数据量增长以及数据结构和类别变化带来的挑战和影响。

其他企业在一开始的时候没有关注大数据带来的挑战，仅仅只是在目前的"BI 世界"领域进行调整以实现自己的目标。例如，传统的数据库能够吸收和处理大体量的数据，因此在面对数据量增长的时候没必要一定进行大数据分析。或者说只是在某些过程中需要更快的处理速度，所以内存技术在最初并不直接与大数据相关。

正如上文提到的商业智能的例子，许多不同的企业特别是 IT 行业在过去的几十年中，没有预先对需求、机会和风险进行充分分析就开始应用商业智能。

在某些情况下，企业的不当投资很难避免，企业负责人在面对技术的动态发展时，只能使自己的知识与技术发展保持同步，若要他们证明其投资的正确性是非常困难的。很多时候，我们很难预料一个新兴的技术在未来有何重要性，但是我们也不能错过任何发展机遇。这是非常有挑战性的。

关于大数据，我们可以说至少在对企业的影响方面的分析是有意义的。由于大数据的复杂性，只有仔细观察才能发现其某些方面和企业的相关性，并且助益于企业的其他活动。而这些活动往往会在之前另一不同角度的评估中被忽略。

由此完全可以想象，一个原本认为自己与"企业 2.0"不相关的企业在大数据预分析中发现了"社会化媒体营销"，并且对"企业 2.0"框架下的"智能协作"非常感兴趣。在这种情况下，该主题与大数据的相互关系使得企业有必要弄清社会媒体营销和大数据特定的数据群、数据结构，以及所有战略、概念、建构、组织、程序和文化等方面的相关问题。

在纯技术领域，下列情况是有可能存在的，起初人们只关注 Hadoop 集群巨大的数据，但认为没必要建立 Hadoop 集群。当人们将这个技术与传统数据库系统在成本角度进行比较后，就会对它重新进行评估。在多数情况下，大数据在特定方面的分析非常重要；相反，对于某一方面的单一预分析是没有任何作用的。

> **重要：**
>
> 大数据推动了人们对企业与大数据关系的思考。

关于企业应当如何面对大数据的问题在任何情况下都值得思考。对于这个问题，必须考虑以下两个前提：

1. 在面对这个问题时，应当全面考虑大数据的技术重要性，并且把企业作为一个有生命力的、在全面社会变革影响下必须寻求发展的有机体进行分析。

2. 对于这个问题的分析应当是开放的。为确保这一前提在分析中贯彻执行，必须预先对企业和大数据关系有全面了解；因此，这实际上是最高层面的战略预分析。

大数据是一个非常复杂的问题，值得仔细研究，并且有可能重新发现一些之前由于在分析问题时缺乏对整体关系的把握而忽视的某些方面。在本章的最后有一份简要的"大数据清单",以便对一些问题提供大数据方面的支持。

6.2 大数据包含哪些风险

大数据最大的风险之一是忽略,对于一个主题没有研究就直接忽略。像上文提到的,这个问题不是企业是否受到大数据的影响,而是企业应当如何应对大数据。

将所有针对单一主题的先进模型都视为对大数据的处理是非常危险的,例如在纯技术层面处理大规模的数据集。但是我们必须这样做,最终与商业相关的最重要的问题是:

1. 大数据的原因是什么?

2. 企业的商业模式在多大程度上受到这个原因的影响?

3. 这在多大程度上是程序、组织、合作模式及企业文化层面的结果?

4. 这会影响企业活动吗?

5. 这些活动的目的是什么?

6. 如何才能实现这些目标?

企业的首要目标应该是适当地评估风险和机遇，之后开发先进模式来处理大数据，充分利用其经济潜力，并使风险和相关成本最小化。此外，基于现有数据库中的数据量得出结论。只有和其他因素结合在一起，才是大数据真正让人们震惊的时候。

震惊的问题解决了，接下来是关于战略的问题。一家公司如若没有一个战略方针将所有的相关方面联系起来并整合现有的组织架构，如商业智能竞争力中心（BICC），那么这个公司在大数据下将面临极大的风险，会完全陷入困境。陷入困境意味着投入金钱而无法收回成本，一个不能充分处理大数据问题的战略方针也会带来不良投资的风险。

动态的大数据和在第二章及第三章中提到的背景应当在全社会层面得到重视，其中描述的过程对企业在 21 世纪的活动框架有极大影响。监管层面的发展，

> 重要：
>
> "战略调整"是大数据业务的必要条件，反之则不然。

例如欧盟的发展也是不可预见的，这就要求企业要在短时间内适应环境的能力，数据储存库（数据库）就是一个很好的例子。通过全国性或跨国组织对企业提出了调整要求，并且造成了巨大的费用支出。这样的需求在未来会越来越多，准备不充分会带来高额的调整费用，导致成本上升。

在成本角度下，我们在这里还应该提到一个风险点，对此我们在第四章中已经根据范式转变进行了相关讨论，即没有明确使用目的的情况下盲目收集数据。如果商业智能中需要一个一目了然的数据集，将所有可用的数据储存起来，以便后续分析所用，

那么这个大数据的替代品最终会因为巨大的数据量和费用支出而终止。

即使是现在，相比于传统的数据库系统，Hadoop集群储存数据的方式成本更低，但是由于大数据能够在短时间内聚集大量的数据，还是会造成巨大的储存成本。此外，许多"大数据"，例如从互联网中产生的数据，只在短时间内含有重要内容并且只能为一些短期的重要分析所需。

在多数情况下，这些数据也会因此在比较分析后被删除，因为它们缺乏现实意义和使用价值。这使得删除大数据具有重要的时代意义，相当于解决了哪些数据应当存储和用于什么目的的问题。数据存储概念是大数据整体战略的一部分，数据的删除最好在数据存储的概念下进行控制。

以大数据为基础的全面数字化进程和深远的社会文化变革日新月异，一旦错过这个进程，那么企业在将来激烈的市场竞争中必将承受巨大的竞争劣势。

这揭示了大数据的经济影响不仅体现在成本方面，而且还体现在收入方面。忽视或者错误的战略决策都会给企业带来经济损失，而对大数据的复杂性和潜力的持续关注会带来巨大的机遇。

6.3 大数据会带来哪些机遇

1. 大数据为企业的应变能力提供支持

在面对快速变化或复杂需求时，通过将数据分析整合到业务流程，可以对企业的应变能力提供更有力的支持。为了实现这一目标，需要对 IT 基础设施进行必要强化，可能需要补上商业智能的内容（参见第四章），以及按照一个以未来、以数据为导向的公司（数据驱动型公司）的需求调整中央结构。

2. 大数据可以提高企业与客户沟通的效率

内存技术和大数据的结合能极大提高业务流程的效率，特别是与客户沟通的效率。新的合作模式能够在提高流程灵活性和效率方面发挥重要作用，这种新合作模式能够将企业带入企业 2.0 时代，并为企业打开新的市场角度，这是传统模式无法比拟的。

3. 大数据会对企业的管理模式产生一定影响

企业 2.0 的一个重要因素就是新的合作模式所带来的全新的管理模式，这种管理模式可以使企业经过不同阶段的发展成为分析型市场竞争者。在这个过程中，管理者要充当员工教练的角色，在自主团队中带着高度责任感努力为实现既定目标而工作。整合到业务流程中的大数据分析，通过对团队自主流程决策的支持有效地改善团队的表现力。

4. 大数据会对企业的战略产生一定影响

将多个、单个措施整合成一个综合的战略措施，能够优化企业管理并且提高企业的整体竞争力。一个从不同角度用不同方法充分利用大数据的企业将会是推动21世纪数据革命的重要力量。那些具有生命力的有机体，即企业，也能够通过增强自身力量来抵抗市场斗争对自己产生的影响。

6.4 以客户为中心，以创新为增长动力

在第三章我们就已讨论到，互联网，特别是社交媒体和在互联网各个不同环境中存在的开放沟通的信息为企业了解客户需求提供了便利。我们在第三章中描述过企业和消费者之间关于透明度的相互关系，在这里必须指出的是，互联网作为信息企业的枢纽，是为企业源源不断提供最新的市场反馈信息的永久源泉，并且在纯信息技术领域允许最大化地以客户为中心。

这一事实提供了将创新按照市场现有需求进行调整的可能性。

特别是在一个产品或基础技术投入市场后，企业的技术人员不再按照个人意愿而是借助互联网研究客户的意愿，根据客户意愿继续改进其产品或技术。各种形式的社交媒体为客户和企业员工提供了直接接触的良好平台。

非常重要的一点是，企业的员工必须在不同情况根据客户所处的不同文化合理处理，这一点我们在第三章已经进行了充分探讨，此处不再赘述。企业每一次与客户的沟通都必须努力了解客户的需求，并且向客户表明企业特别关心他所提的要求。但是大数据为企业和市场带来的巨大进步必须以下可能性为前提，即能够存储和处理数量庞大的详细信息，一方面要使之进入上层战略和概念，另一方面利用这一可能性为客户提供正确的产品和服务。

一个具备通过关注客户需求不断促进创新能力的企业最终能够成为在激烈的市场竞争中不断推动增长的决定力量。在许多市场中，现在的产品是可替换的，个体的购买决策取决于不同厂家之间小细节上的区别。因此，客户的个性化意愿在商品选择和与企业直接接触交流中非常重要。

在此背景下，我们要重新回到第五章"插座中的大数据"一节，其中给出了这样一个有趣的问题：为什么客户和企业要在共同的理念框架下进行合作？答案显而易见：企业以追求利润或收入为主，而客户在进行购买选择时关注更多的是全社会性的问题，例如环境保护或者伦理问题等。对于企业来讲，承担全社会性的社会责任并不会给企业带来附加值。企业和消费者不同的出发点和期望得到平衡，并在有利可图的商务模式中互相协调起来，可实现人人得利。

这种经典的双赢格局应当根据不同的行业和商务模式分别进行考虑和展现。首先，企业和客户需要接受和认识数据会带来深刻的社会变化，只有通过携手共进，共享成本和受益的方法，才能使对所有参与者有意义成为现实。

大数据和企业从大量可用数据中引导出产品创新，创造新的市场机会的能力将会成为企业成长的关键，最终会从中产生新的价值创造思维和数字商务模式。

6.5 新的价值创造思维和数字商务模式

任何行业都比不上媒体行业对数字商务模式的理解，特别是从印刷到网络媒体的转变使得媒体行业的数字化更加明显。一开始，由于需要将内容免费地呈现在互联网上，大型出版社均感受到非常大的压力，因此各种形式的收费方式不断出现。在此背景下，克里斯·安德森（Chris Anderson）提出了"免费增值"这一概念。

"免费增值"指的是一部分内容是免费提供给读者的，但是一些基于新闻调查研究的优质内容则需要向读者收费。通过"计量模式"给读者提供一定的免费额度，一旦超过额度，读者就需要付费阅读。

媒体大亨鲁伯特·默多克新闻集团旗下的《泰晤士报》（The Times）在 2010 年 6 月引进了这种激进的收费模式。读者只能根据付费情况阅读网上的文章，订阅一天需要 1 英镑，订阅一周需要 2 英镑。媒体界的这种变化与其对媒体企业的影响并不直接与巨大的数据量（即我们所说的大数据）相关，但这是数字化世界也是大数据现象带来的影响之一，这种联系把所有的一切都联系在一起。

在这样的背景下，我们来看一下另一个不同行业但同样具有代表性的企业——一家机械工程公司。我们举例的这家公司每年生产两三种大型机器，它的客户数量相对于媒体类企业而言较少，但是它一直与客户保持直接联系。当然，这种沟通并不能使企业提取到任何社会媒体信息来推动创新，从而产生新的社会价值，创造思维和商务模式。

在大数据背景下，下述事实会让这个企业非常感兴趣：通过互联网选择已被客户使用的机器的生产数据并将其用于远程维护。根据机器传感器提前预知机器的损耗和问题，不让问题真正出现，从而减少停机时间，降低成本。建立这样的预测机制正是大数据的意义所在，这种自动化（服务）可以借助更精确的分析而逐渐优化，并且一定能催生出新的商务模式。

我们的另一个例子与保险业有关，这个例子是针对"机器对机器"这个关键词的。2014 年德国首次引入了所谓的"远程信息服务"【参见：二手车行业趋势（GW-Trends），2013】，保险公司通过收集装在被保险人车内的盒子上传到互联网的数据，对被保险人的驾驶行为和车辆做评估。

从保险公司的角度来看，和其他行业一样，保险公司也需要提供越来越个性化的服务，但怎么保持定制产品和量化生产的平衡仍值得讨论。这个问题深深影响到保险公司的商务模式。

6.6 大数据清单

正如我们在引言部分已经指出的，公司在大数据背景下必须回答的第一个问题就是大数据会给我们带来哪些影响。这个问题的答案是公司的必要活动完全不会受到大数据的影响。但是，要回答这个关于大数据影响的基本问题至少需要一个预分析，而预分析需要一定的费用。根据下面的列表，我们尝试支撑这样的初步分析并尽量减少费用。

我们已经把一些问题罗列了出来，从具体的层面帮助企业分析受到的影响。当然，这份"大数据清单"并不打算囊括所有问题，也并不承担所有责任，因为企业的实际情况非常复杂，而这是对这个问题的最终答案产生影响的重要因素。我们以这份清单为基础，对一些最基本的方面进行讨论。

大数据时代下半场：
数据治理、驱动与变现

问题	对大数据的意义
企业数字化商务模式的扩张是基于数据的还是有计划的?	企业采用数字化商务模式一定是因为至少在某一方面受到大数据的影响
公司的数据库容量达到 100TB 是否已经足够或需要进一步增加?	数据库在有一定量的数据后可以基于数据量而谈论大数据。比如开始讨论时引入的 Hadoop，100TB 是一个粗略的参考值，这首先涉及数据方面的问题。必须检查数据量为何如此之高，以及明确这其中的原因对新的价值创造和商务模式有什么意义
专业机构会不经过传统的 IT 流程而直接利用数据结构分析大型数据集吗?	用特定的评估工具进行评估，在专业领域创造实际效益，并对大数据的具体技术提出要求
对大数据集的分析是否变得如此频繁以至于传统的 ETL 流程不能及时满足要求?	这种情况证明了新的技术堆栈的发展是非常有意义的，其在技术进步过程中围绕着大数据发展，特别适用于处理大数据与分析大数据
在数据分析中会处理异构数据结构，即复合结构的数据吗?	大数据技术特别适用于处理异构数据
在数据分析中有监测数据或交互数据这样的新数据类别吗?	这些数据主要源于对通信媒体和传感器的分析。如果这类数据被一个公司处理，很有可能产生大量数据，并且这些数据在结构上多有不同
在销售和市场营销中以客户为中心需要借助互联网和社交媒体，这需要相应地分析吗?	坚持以客户为中心需要将分析整合到操作流程中，这就可以看出大数据的重要性。具体情况需要根据具体的业务问题进一步预分析
企业会遇到数据诈骗和数据滥用的情况吗?	大数据的方法带来了有效预防诈骗的可能性
企业能够生产配备了数据传感器的机器吗?	我们至少要检验大数据能够在多大程度上实现技术、方法以及商务模式的革新
在机器对机器（M2M）的通信中，企业能生产实现大数据通信的机器吗?	这一点需要从大数据的重要性来考虑，大数据的重要性取决于企业不断积累的数据量和必不可少的 IT 基础设施
现有的数据库，即商业智能系统或商业智能结构必须进行合并或扩建吗?	在这种情况下，企业应该考虑即将形成的全系统的合并是否需要和大数据的要求对齐
该公司已经开始用公共云或私有云了吗?	这些技术可以或者必须应用到大数据中
哪些大数据技术已经在企业中投入使用了?	在使用具体的大数据技术之前，应该对现有的大数据技术的所有可能性进行评估
政策上对引入 NoSQL 数据库或 Hadoop 有反对意见吗?	整合大数据的具体技术要求企业的 IT 管理模式进行转变。对此，需要对其是否符合政策进行评估。例如要研究 ACID 的标准（原子性 Atomicity、一致性 Consistency、隔离性 Isolation、持久性 Durability）是否能在所有条件下得到保障
在未来，虚拟服务器群和硬件解决方案，如家用电器（考虑与内存相关）必须 / 应该相邻使用吗?	一个 IT 战略问题，例如对系统性能的影响

第六章总结

◆ 企业的所有利益相关者应当以开放的心态，在对未来可能出现的需求和选择进行考虑的情况下对有关大数据的问题进行讨论。

◆ 这次讨论的参与者应当对大数据的各个方面和 IT 的各个职级包括最高管理层有全面的了解。

◆ 此外，企业应该在调整战略框架下，确定大数据在新的价值创造思维和商务模式中的重要意义。

◆ 初步分析时应当确定，目前的价值创造思维和商务模式将来是否会受到公司活动的影响。因为客户在因特网门户和社交媒体上的行为会直接影响现有的数据链接。

◆ 初步分析时必须对下述问题进行预测，即现有的价值创造思维和商务模式是否需要通过针对性的活动，适应经大数据改变后的框架条件。

第七章　企业如何通过大数据完成变现

本章内容：

◆ 大数据和数据分析能力中心（DACC）

◆ 培训

◆ 大数据项目管理

解释大数据本身并不是目的，正如本书各章节所述，在过去，特定主体的潜力，例如商业智能的潜力没有完全发掘出来，不是因为没有实施以目标为导向的"战略联盟"，就是因为没有对战略调整提供足够的支持。基于这些经验，在大数据中可以这样操作，即在所有活动特别是大型投资开始时就制订出清晰的框架和具体目标。

企业利用大数据进行分析的最终目的无非是盈利，也就是企业通过对大数据进行分析而完成变现。在大数据背景下，企业逐渐向数据驱动的组织转变，通过对数据的及时获取、处理以及使用，给企业带来丰厚的利润。

从组织结构的角度来看，在开始必要的预分析时，就把所有的活动和致力于商业智能并建立起数据分析技术的部门捆绑起来具有重要意义。

7.1 大数据和数据分析能力中心（DACC）

如果企业已经拥有了一个商业智能能力中心（BICC），那么企业应当从 BICC 的管理层面协调所有的大数据活动和必要的预分析。通过这种方法，企业能够在一开始就确保对大数据和现有结构进行必要整合，并支付将大数据整合到企业整体关系和 IT 结构中所需的所有费用。为了避免误解，我们需要说明：

> 即使商业智能在过去没有被发掘出所有的潜力，基本上也可以说，在此背景下，商业智能一直在接近现在大数据所研究的内容。基于这一预设，我们可以说，虽然在商业智能中心中关键的成功因素还不能完全转化为有效的数据分析，带来实际意义上的商业增值，但是至少可以在理论上引起重视。

如果企业中没有像上述类似 BICC 的组织单位，那么企业应该在所有大数据活动启动时建立起这样的组织。当然，企业不能分散自己的精力，因为在没有整合大数据的情况下建立一个 BICC 是一个不小的挑战。在这里，根据各个企业及其具体情况，正确的做法是，将所有的情节按照单个措施的一致顺序平行地摆开。在此可以再次尝试著名的"大处着眼，小处着手"的方法，不推荐"大爆炸"式的做法，因为其复杂性可能无法控制，并且导致企业的日常运作处于危险之中。

BICC 对于大数据活动的控制绝不意味着商业智能和大数据是相同的，或者大数据在商业智能中的地位在不断上升。相反，我们认为，就如本章中提到的，大数据远远超过单纯的商业智能的发展，甚至远远超过业务流程。这一切的出发点是，通过已有的 BICC 和明确的流程及同型模型为大数据活动引入公司提供最佳途径。对此我们假设，BICC 是按照对商业智能的全面理解而构建的。

如果有人认为"商业智能能力中心"（BICC）这个名字不具有说服力，可以对其进行相应的调整。一个高于所有数据分析活动的大标题是"数据分析"，其在企业相应的组织单位应该在后续使用过程中，按照"数据分析能力中心"的名称建立。

我们不排除在个别情况下，将大数据活动和商业智能置于平行位置是有用的。但是这只能基于企业的特殊情况暂时解决问题，治标不治本。

7.2 培训

大数据分析的一个重要方面就是培训。这里指的是，单单具有明显技术成果的主题如大数据技术，不足以确保企业内部各种不同的情况。公司必须根据战略方向把培训扩展到所有专题中。

企业具体的培训需求要根据企业具体的、特定的情况来确定。在接下来的几个小节中，我们提及了几个在提高大数据整体潜力时概率较高的培训需求。

7.2.1 对企业大数据的理解

能够在所有的相关领域不断重新定义大数据的潜力并采取相应的行动计划，对大数据的背景和复杂性有全面的了解是全面观察大数据所必不可少的。一个新组建的或者从现有的商业智能能力中心（BICC）发展而来的数据分析能力中心（DACC），应该通过全面的变化管理和交流管理，确定上层关系和个体的重要性。只有通过对大数据的全面理解，才能为企业的一切必要活动提供必需的活力、创造力和生产力。

7.2.2 员工和客户数据

鉴于以客户为中心的重要意义和潜力，以及在处理与客户相关的数据时可能产生的风险，企业必须对员工在数据安全和客户隐私方面进行培训。

企业除了要有所有保证客户数据安全和隐私的技术措施之外，在与客户的直接沟通中，企业员工必须重视传统价值观念，比如"信任"及其重要意义。

7.2.3 技术

技术培训的重点当然是各类与大批量处理数据相关的新技术。这些培训一方面与存储技术相关，例如 Hadoop，另一方面也适用于所有类型的工具和整个技术存贮栈，它们在开源社区不断发展。

考虑到从大量实时数据分析中产生的"新的度量衡"，我们已经在第五章中通过具体的应用案例对此进行了描述，因此会有关于内存技术的培训需求。

这些技术的培训需求是显而易见的，他们主要涉及的是 IT 部门，在那里所有的技术要求都会转化为技术，但是在专业部门与大数据分析的相互关系中出现了新的可能性，因此有必要建立新的专业技术。

在这个相互关系中非常有意思的是新工具，他们使得专业部门直接访问巨大的数据集成为现实。这些新的分析工具始终不断运行进行分析，使得专业部门能够轻松访问数据材料。

想要妥善使用这些新工具首先需要在使用方式方面进行培训，即安全地使用技术。必须确保使用技术的安全性，因为进行数据分析是这些工具最初也是最基本的目的。基于数据分析的灵活性，如果缺乏使用这些工具的专业知识，可能会得到从专业角度来看非常荒谬的结果。

7.2.4 防范数据破坏

另一个需要培训的方面是，原来在 IT 系统技术中非常普遍的硬件。在窃听成为丑闻头条的时候，必须采取一切可能的技术措施，防止企业数据被窃取。

企业的员工在面对技术的高速发展，特别是基于数据滥用氛围中获得新知识时，必须不断了解技术的实际状态。

7.3 大数据项目管理

对于大数据的项目管理，如果按照本书中多个章节提到的战略前提建立的话，那么一定会成功。企业在全面实施大数据举措和所有子项目时，必须参考多年来在商业智能方面收集的经验。

7.3.1 商业智能经验总结

虽然在第三章中我们已经对大数据管理和商业智能管理的基本原则进行了详细描述，但是为了完善其对于大数据具体项目管理的重要意义，在此必须再次提及。

项目管理要成功，必须像战略一样融入特定主题的实施过程中，并真正得到实际的支持。与第六章中提及的商务模式与其战略层面的关系类似，这个问题听起来理所当然，但是在实际操作过程中不一定能被考虑到。

关于大数据，我们在此再强调一点，这一点我们在第三章中已经详细说明过：企业在商业智能中有可能通过代偿先进模式来弥补因缺乏战略路线而出现的摩擦损失。这在实际过程中意味着引入"影子 IT"和"阴影化过程"，在此基础上，由专门员工进行具体的数据分析，只能供监管流程和中央 IT 使用。

这种处理方式有明显的缺点。整个企业数据分析的复杂性和总成本会持续显著上升，而企业增值则无明显增长，监管流程和中央 IT 的赤字也一直无法消除。这个先进模式形成的整体结构只能在企业的个别部门达到成果，其在广义上被概括为"报告"，只能在有限范围内抑制所造成的损失。

在大数据中则完全不同，大数据不仅仅是被集成到现有数据分析系统的大量数据的名称，还是一个更为复杂的问题的总称。在没有全面战略的情况下就希望对各部分大数据的复杂性有全面了解，这样的尝试不但不能厘清上述的复杂问题，而且注定失败。这其中需要经受的不利情况比商业智能多得多，因为涉及的企业范围更大。

7.3.2 实用性和灵活性

在大数据项目管理方面必须提到两个基本方面，它们对于成功处理大数据问题具有非常重大的意义：

1. 实用性

2. 灵活性

灵活性在"密集争球（Scrum）"中已经不是全新的概念，并且被许多企业成功地应用于软件开发中。

如果说德国企业还有什么可以从美国同行身上学习的话，那么就是这些先进模式。

在大数据中，企业几乎不可能根据传统的瀑布原则或者宇宙大爆炸理论来达到确定活动战略的目的。呼吁实用性和灵活性与确定所有活动的战略安排并不矛盾。

只有为整体商业环境中所有大数据的特定活动确定稳固的战略基础，企业才能在项目实施层面拥有自由度，这对企业通过大数据获得成功至关重要。

一个总体战略为执行层面的整体活动确定了不可动摇的基础，使之不会迷失在无限的可能性中，而是调动其针对特定目标的实验性和创造性。

只有明确了总体目标，项目团队才能随时进行新的尝试：数据模型、算法、特定措施等。正是这种实用性和灵活性使得大数据有如此大的魅力和巨大的经济潜力。

除了实用性和灵活性外，企业还需要具备软能力，例如创造性，这一点我们将在第八章关于跨学科团队和大数据科学家的内容中继续探讨。

第七章总结

◆ 为了描述企业中有关于大数据的各种话题，有目的地采取适当措施，需要企业在总体战略中确定不同主题。

◆ 所有大数据活动应当基于主题相近性与商业智能能力中心（BICC）联系在一起，在大数据背景下，商业智能能力中心（BICC）需要继续发展成为数据分析能力中心（DACC）。这并不意味着大数据只是商业智能的拓展，而是尽可能地利用现有的结构。

◆ 目前企业中还没有类似于商业智能能力中心（BICC）这样广泛意义上的组织单元，企业应当在大数据多样主题的压力下建立一个数据分析能力中心（DACC），为企业成为分析型市场竞争者提供支持。

◆ 数据分析能力中心（DACC）的一个重要任务就是变革管理和通信管理，在数据分析能力的帮助下研究特定的培训内容。一方面，在整个企业范围内建立对大数据的普遍理解；另一方面，可以在具体的主题例如技术层面或者个人客户数据方面进行相关培训。

◆ 大数据项目管理必须始终坚持使用商业智能的经验，在执行层面建立灵活性。

◆ 实用主义和执行层面的灵活性并不违背战略一致性的要求；相反，这个战略为特定项目实现高自由度创造了前提，从而释放必要的创造力和生产力。

第八章　企业中大数据的解释权

本章内容：

◆ 阐释的界限

◆ 谁"被允许"在企业中分析和阐释大数据

我们可以确定的是，在基础数据高质量的前提上，从数据中得出的结论有着很高的可能性。然而在实践中，为了处理这样的信息（也就是说，在一个活动中投入资源，使用这些信息），我们必须明确其对结论的影响。

　　数据阐释并不是理性的，这不能测量，也没有是非、对错的终极判断。阐释永远是主观的，是依赖直觉的，而且也与周边环境紧密相关。同样的数据在不同的环境内容中可以有截然不同的意义，这些意义并非数据所固有，而是人们在特定环境中分析数据并将意义赋予了数据。

　　总而言之，我们每一个人为了达成目的而进行的极富创造性和直观性的过程，都是从数据信息、知识信息、认知活动中推导出来的。主观性、创造性在分析大数据中扮演着举足轻重的角色，此外，信息技术、数学和统计学知识、数据模型和编程对于大数据来说也都不可或缺。

8.1 阐释的界限

8.1.1 理论的终结

克里斯·安德森（Chris Anderson），美国《连线》杂志（Wired）总编辑在 2008 年宣告"理论的终结"【参见：安德森（Anderson），2008】并表示，大数据的理论模型或多或少有些多余。根据安德森的相关分析理论，现存数据的多少决定了哪些传统的模型和思想理论将完全退出历史舞台。

安德森说，可供使用的数据存在一个问题，这些等待被发现的模型是否会在有用性和预言能力方面超过如今在研究和学术中相当普遍的解释模型，假如会，会在什么时候？

翻译成德语，他的论点就是相关性优于任何一个理论。安德森的原话是：

有相关性就够了。

他要求分析学家和学者们回避模型建造的方法论，以及在浩渺的"大数据池"或者"大数据海"中归纳的数据挖掘方法。

对于安德森论点的判断首先必然要以"环境差异"为前提，也就是要回答这个问题：

应该为了什么目的而对哪些数据进行研究分析？

1. 学术和研究

对于学术和研究，安德森要求极度简化学术，回避传统研究。自然科学以及作为自然科学基础的物理学都围绕着"为什么"这个问题，目的在于根据数字模型和自然规律解释自然的特性和行为。比如被视为因果关系和决定论的终结者的量子力学，最终也是一个被完美证明的理论。一个思考模式，帮助人们在量子层面更好地理解过程。

在纯粹的技术意义上，大量数据，比如在实验过程中得到的粒子和核物理领域的数据，很久以前就已经出现了，以实验为基础的模型一如既往地在此发挥着重要的作用。对在实验中出现的大数据池进行分析的目的在于，证实或者推翻模型以及之前提出的假设。

随着物理界的每一次认知跨越，模型建造也变得日益重要。就像粒子物理的标准模型所显示的——这已经研究到了如此小的结构，还要用更大的粒子加速器来进行新的实验，以便更清晰地探测更小的结构，而这需要巨额花费。人们做得很好的是，将许多时间和金钱投入一个完美模型的建设中，而在这个基础上完全有可能构想出一个实验，创造出与内容问题相关的数据。可惜无论使用哪些数据，在这里都无关紧要。

欧洲核子研究组织进行了大型强子碰撞型加速装置的实验，用来检测上文提到的粒子物理的标准模型。从中获得的数据量十分庞大，必须使用实验过滤器，将关系重大的数据有控制地进行删减。即使使用了这种方法，实验产生的数据在2012年也已经达到了约1600万千兆字节。只有先进的数据挖掘和统计工具才能在此"过滤样本"，在大数据环境中也是如此。

西方在学术意义方面并不会在一朝一夕没落，理论和模型的创建依旧是研究的固定组成部分，而且首先需要回答"为什么"这个问题。对此，海德格尔这么说：

问题促进路径的建造。（参见：海德格尔，1982）

2. 非学术领域

对于上文描述的"环境差异"，我们可以确定的是，除了自然科学，安德森的论点也可以对大数据同样发挥重要作用的其他领域进行评判。

比如，一个企业将欺诈管理描述为防止阴谋诡计及辨识欺骗行为，并且对欺诈行为采取相应的措施。这并不涉及企业要验证之前建立的理论模型或者假设，而是揭发有犯罪嫌疑的行为模式，并将其确认为欺诈案例。

举例而言，在信用卡领域，欺诈行为常常如此得到揭发或者防止，企业在结算中寻找可疑的行为模式。比如本来无须怀疑的小额交易的累积便是一种提示，有人使用盗取的信用卡数据在大量骗取现金。

另一个例子是，在选举时，选举分析人员可以发现一个地区的选民很有可能支持某一个政党，那么知道这一相互关系的人们就会采取相应的选举策略（传单、选举广告等）。在这种关系中，"为什么"居于次要地位。

8.1.2 抽样的终结

在对大数据的讨论中隐含着这样一个前提，一般而言，人们对于数目庞大的数据的整体阐释会比对少量数据的阐释更有说服力。然而在这里，数据质量的重大意义也不容忽视。因为在数据阐释的背景下，数据质量才是决定因素。

商业智能框架中数据质量的本质意义在《逃离商业智能陷阱》一书中已经详细探讨过了（参见：巴赫曼、肯珀，2011年第二版）。从总体上看，这些知识也转换到了大数据上，因为报表和分析的说服力由以之为基础的原始数据和与此相关的商业事件的质量所决定（参见4.4）。

大数据时代会涉及多结构数据，它们来自独立操作的数据源，如交易系统、销售网点（现金系统）、社交网络等。然而这会产生的后果是数据获取过程中的自由往往会导致数据质量较低。用户在信息技术操作系统中能够绕过那里专业的商务过程，或者在系统中创造不符合现实的数据，抑或是通过使用系统或社交网站制造并不存在的关系迷惑我们。

比如仅仅以 Facebook 上的朋友列表分析为基础，没有任何一个社会学家可以声称自己分析了社交网络。很明显，在一般情况下，Facebook 的朋友圈列表并不能完全反映出用户使用整个社交网络的情况。此外，用户的社交联系有可能仅仅维持在网络环境中，而且其内容也只是为了在这里展示用户真实生活的一个片段。

数据质量不仅反映了获取数据或者处理数据时的弊病，而且也可以理解为是对"阐释的局限"的一种展现——就像上面所述的 Facebook 的例子。

事实上，我们掌握了数量庞大的数据群，这些都可以用来建立模型或者加工成图表，这些数据自动拥有很高的内容信服力。理解这些数据如何在环境中产生十分重要，这样才能知道这些数据可以告诉我们什么、不能告诉我们什么。"并非所有的数据都是等价的，即使它们呈现的形式很相似"（参见：Boyd，2012）。

> 重要：
>
> 　低质量的数据会导致数据阐释有局限性，最坏的情况就是，数据的分析结果没有价值，并且导致投资失败。

让我们回到一开始的问题上来，大数据是否真能达到样本终结这一地步？可以确定的是，大数据时代中抽样工作依旧有其存在的合理性。在数目庞大的非结构化数据群中，数据质量参差不齐，差异甚大，迫使人们不断地分析样本，这样至少能够确定数据质量差异的程度。

归纳数据，并建立有代表性的样本（根据总体样本做出推论）相对而言是非常复杂的。在这个过程中，多种因素均起着作用：

1. 抽样技术的形式（要使用哪些随机抽样的方法）
2. 平均分布时的数据比重
3. 数据估算时的不准确性

8.1.3 表面相关性

"大数据是具有男性化特征的"，假如人们仔细看看撰写大数据相关文献的作者列表就会得出这个结论，包括本书也是由三位男性作者撰写的。如果仅仅从这种表面的相互关系然得出因果关系，未免太荒谬，但这个例子清楚地说明，并非所有推测的数据统计关系都反映了真实的相关性。

与大数据有关，数据挖掘的统计分析方法日益得到人们的重视，相关性分析如今扮演了一个越来越重要的角色。

1. 什么是相关性

简单来说，相关性就是两个变量之间的关系。比如一个位于科隆的两居室"居住面积"与"包含暖气费的房租"这两个变量的简单关系就是正相关（居住面积越大，房租越高）。"汽车行驶过的路程"和"发动机燃料"这两个变量的关系则是负相关（行驶的路程越多，发动机燃料越少）。

实验性分析是通过操作自变量而研究变量，而相关性分析聚焦于业已存在的变量的相互关系，这些变量可以是个人、社会群体或者其他载体的特征【参见：克朗巴哈（Cronbach），1957】，比如，哪些人物个性影响其对特定商品的购买，外貌和职业生涯的成功之间有什么关系，等等。

用实验来探究经济和社会知识的相互关系往往是不可行的，因为自变量并不会随意变换，故而不能排除干扰变量。此外，借助相关性分析，许多变量之间的相互关系也可以被探究出来，反之在实验性分析中，只能探究极少的变量。

相关性分析与实验性分析相比，一个显著的缺点是相互关系无法用因果关系来解释。

2. 相关性和因果关系

这一关系中，逻辑演绎的两个基本不同的形式必须得到区分：

（1）决定论逻辑
（2）概率逻辑

根据经验我们得出，相关性关系并非决定性的，而是随机的，属于概率逻辑。总体而言，因果关系的推导无法清晰地阐释相关性。

即使两个变量之间的关系度很高，也不能断言这两个变量就互为因果。很强的相关性只能暗示，也许这两个变量之间存在一种因果关系。

相关性描述的是变量之间没有方向的相互关系：两个变量地位一致，并没有任何信息表明其中一个变量以另一个变量为前提。

变量 X 和 Y 之间的相关性可能有不同的原因：

（1）变量 X 导致了变量 Y；

（2）变量 Y 导致了变量 X；

（3）两个变量 X 和 Y 互为前提，相互影响；

（4）两个变量 X 和 Y 都是由第三个变量 Z 导致的；

（5）变量 X 导致了变量 Y，此外两个变量 X 和 Y 都是由第三个变量 Z 导致的；

（6）变量 Y 导致了变量 X，此外两个变量 X 和 Y 都是由第三个变量 Z 导致的；

（7）两个变量 X 和 Y 互为前提、相互影响，此外两个变量 X 和 Y 都是由第三个变量 Z 导致的。

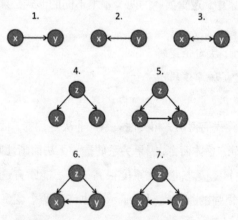

图 8.1　变量 X、Y、Z 之间的相关性

除了单独讨论上述可能的联系之外，人们也会根据时间顺序

对其进行讨论：原因肯定出现在结果之前。比如，有效的药物往往在病人得到医治后的数月或者接下来的数年中发挥作用，时间仅仅意味着可能出现的因果关系。

下列例子说明，即使两个变量的相关性十分密切，也并非总是有着因果关系（参见：Dubben，2006），也就是所谓的"表面相关性"。图8.1中的第四个案例便清楚地说明了这种状况，变量X和变量Y的相互关系都是通过另一个变量Z导致的。

这里有几个例子可以表明，草率地阐释可能存在的关联性是多么荒谬：

（1）死亡人口和出生率：在20世纪，人们确定了1972年到1985年间，瑞典、荷兰的死亡人口和出生率之间存在很高的关联性。然而这两个变量之间并没有因果关系，反而是第三个因素——工业化起了很大作用。

（2）消防队员的投入和火灾损失：消防队员投入越多，火灾损失就越小。影响这两个变量的共同原因是火灾的大小，这不仅决定了火灾的损失，也决定了需要投入的消防队员的数量。

（3）在医院停留的时间和患者的健康状况：在医院停留的时间越长，患者出院之后的健康状况可能越差。对此，比较权威的解释是，病人送入医院之前的健康状况决定了其在医院的停留时间以及出院之后的健康状况。重病患者与病情轻微的患者相比，需要更久的治疗，而且在出院之后恢复情况更差。"在医院停留时间越短，

病人就越健康"这句话对于所有的参与者都可能产生重
大影响。

（4）全球变暖和预期寿命：北半球的表面温度变高，
随之而来的是人们的预期寿命显著变长。造成这种关系
的有可能是不同的第三种变量，比如工业化，以及人们
不断提高的医疗水平。"地球温度越高，人们的预期寿
命就越长"这句话是一种诙谐的表述。

这些例子清晰地表明了错误地阐释相关性隐藏着极大的危险，
人们需要以此为出发点，企业基于大数据解决的问题其内容比上
述的例子复杂成百上千倍。对于企业来说，有个重要的问题就是
究竟谁来分析大数据，尤其是谁被允许阐释大数据？这个问题自
然而然地与"解释权"相关。

8.1.4 无把握预言的终结

企业中存在着一个近乎完整的数据基础，要经常凭借数据基
础加强自身的预言能力。对此需要说明的是：

人们逐渐远离了含有偶然性的随机程序，从数学的视
角来看，人们需要利用实例来描述一个非线性的动态系统。
基于其非线性，而且有着极大的数据量，就产生了决定论
中的混沌理论。与广泛的意见相反的是，这个混乱的系统
非但没有随机的因素，反而含有可预见的属性。

　　　　该系统有可能产生混乱印证了这一事实，分析这些
可预见的属性几乎是无限困难的，因为一个很小的变化，
比如获取数据时数目化整的错误，就有可能导致极为严
重的后果。

　　简言之，相似的原因不一定导致相似的结果。

　　爱德华·罗伦兹（Edward Lorenz）提出了"蝴蝶效应"的概念，
并且这种效应越来越广为人知。罗伦兹尝试，利用计算机模型描
述动态系统，比如天气并且进行预报。在试验中，罗伦兹在完全
相同的初始条件中重复进行预报，然而每一次都产生了不同的结
果，甚至有时候这些结果完全背道而驰。产生截然相反的结果的
原因是，输入的变量在数目化整的过程中有一些极小的偏差，这
就是"蝴蝶效应"。

　　预言的不确定性，我们将在第十章中重新进行探讨。

8.2 谁"被允许"在企业中分析和阐释大数据

　　在德国大软件供应商的一次活动中，一个负责人说，在一次
私人消费者展会上，一个参观者问他什么是大数据，这个形式上
如此简单的问题对他来说却是毫无准备的。所以，他假设这个提

问者并没有丰富的计算机信息技术知识，尝试着临时寻找一个好的例子来说明大数据的应用实例。

他如是回答了这一问题："比如您通过实时获取的数据得知，在周六上午 11 时，会有许多穿着白色和黑色衣服的人站在教堂前抛掷米粒，那么在很大程度上您可以确定那里在举行一场婚礼。这就是大数据。"

不知道这位参观者对于这样的解释做出了什么样的反应，我们想要以此为例，更加仔细地看看数据的阐释。

首先可以确定的是，根据我们在第五章中的描述，大数据和借助内存技术进行实时分析并不一定有着直接关联。内存是一种条件因素，涉及人们对于大数据分析总体效率的期待，而并非大数据本身所具有的原始特征。

实际上，对于这个例子，我们可以确定的是，在基础数据高质量的前提下，从数据中得出的结论有着很高的可能性，即那儿正在举行婚礼，但这并不一定是必然。然而在实践中，为了处理这样的信息（也就是说，在一个活动中投入资源，使用这些信息），我们必须明确其对结论的影响。

纯理论上来说，假如这些人看了"洛基恐怖秀"的早场演出也会投掷米粒，恰巧他们又是一个组织的成员，故而身着白色和黑色的衣服，并且电影院正好位于教堂的旁边。因此，鉴于这些数据得出"那儿正在举行一场婚礼"是不精确的。

这一简单的例子显示了大数据阐释具有重要的意义，也显示了每一个要分析大数据的人必须仔细地考虑自己要分析什么、有着什么样的目的、根据什么样的逻辑（算法）进行分析、分析哪些信息、应该得出哪些结论等。

我们在第九章中会通过"Moves"的例子看到，应用的制造者已经将功能性融入了软件之中，这激励着用户用个人信息（如工作、住址）来丰富纯技术性的信息（如 GPS 定位坐标），这些数据可以在之后的分析中被利用。

8.2.1 前所未有的重要性

考虑到数学和统计学的所有层面及数据阐释有可能存在的陷阱，很明显，人们对于大数据分析的期望：在数据海洋中按下按键就可以知晓模式从而获取尽可能自动化的知识，但这一点并不现实。

数据阐释并不是理性的，这不能测量，也没有是非对错的终极判断。阐释永远是主观的，是依赖直觉的，而且也与周边环境紧密相关。同样的数据在不同的环境内容中可以有截然不同的意义，这些意义并非数据所固有，而是人们在特定环境中分析数据并将意义赋予了数据。

总而言之，我们每一个人为了达成目的而进行的极富创造性和直观性的过程，都是从数据信息、知识信息、认知活动中推导出来的。我们在第十章中会探究企业从支配数据到进行决策这一过程，探究处理大数据的意义。

在此，我们想从这一点出发：数据阐释的必要性对于企业的行为模式，尤其是对进行数据分析的员工要求有什么影响？

主观性、创造性在分析大数据中扮演着举足轻重的角色，此外，信息技术、数学和统计学知识、数据模型和编程对于大数据来说也都不可或缺。所有的这些认知、能力和个人属性均应该在具体的企业问题中得到应用，比如在市场营销或者企业管理中。

8.2.2 跨学科团队和数据科学家

在过去，数据分析是信息技术的一个主题，也是这一专业领域中极为突出的代表，而在大数据时代则不尽然。数据分析及其与企业的相互融合在大数据主题下已然涉及了企业的每一个层面、每一个领域和每一个员工。

当然，每一个专业主题在各自的领域中依然保持着威严：照顾到每一个顾客是销售部的职责所在，宣传规划也一直是市场部的任务，数据分析对于这些主题日益重要。因为大数据发现了一个事实，即企业的一切都相互依赖。

要在大数据时代获得数据分析的潜力要求人们打破僵硬的、根深蒂固的思维模式。跨部门的思考和行为是许多公司都必须开发的一种能力。

数据科学家正是冒险者，在这里是行为的先驱。托马斯·H.达文波特（Thomas H. Davenport）和 D.J. 帕蒂尔（D.J. Patil）在他们的文章《数据科学家：21 世纪最性感的工作》中系统地说明了数据科学家在企业中的这一角色【参见：达文波特（Davenport）、帕蒂尔（Patil），2012】。

他们认为，在许多情况下，企业的内部结构应当促进高质量团队潜力的发掘，使其为企业发挥效益，这就涉及了实用主义和灵活性。必须声明的是，如果人们想要强迫他们在软件开发的周期中也进行高负荷工作的话，数据科学家就会失败。人们不应该对数据科学家提出实用主义和灵活性的要求，因为他们自己会对自己提出这些要求，并且开发出相应的结构以完成他们的工作。

根据我们在第一章中对于这些专家略为夸张的描绘，数据科学家应当有着高度的自由，这在企业的其他部门无论如何都是难以想象的。为了不从这种特殊角色中脱离出来，他们必须拥有很强的社会能力，这样才能脚踏实地。

对于这种数据科学家的职业图景，高校尚未有相应的培训课程。当前企业对于这一工作正在招募员工，这些员工必须在他们迄今为止的经历中体现出成为合格数据科学家的许多品质。

同样，由于这一角色对于企业的意义日益增长，企业应该在内部设置继续教育课程，或者人们应该在大学设定相应的教育计划。弗朗霍夫研究所所长、波恩大学计算机科学领域的 Wrobel 教授计划基于社会背景和大数据主题的多样化设置硕士课程，为社会培养一批优秀的数据科学家。

8.2.3 识别真正的数据源

在对某一个主题进行数据分析时，数据科学家的一个首要任务便是从可能的数据海洋中挑选正确的数据源。数据源的挑选有两方面的要求：

1. 数据源基本上要系在一个合适的分析系统中。

2. 在具体的分析环境中选择一定的数据源。

在很多情况下，尽管数据系统可能极为高效，但事实上不可能将所有的数据都纳入一个分析之中。此外，从专业角度来看，将所有数据都纳入分析中并非总是有意义的，研究技术上的复杂性、分析技术上的可执行性在大数据时代一直是重要的限制条件。

8.2.4 数据提供者和服务等级协议（SLA）

为了全面起见，这里还应该提到一个方面，这个方面虽然很重要却并非常常受人关注。

分析系统中所有的数据传输必须通过服务等级协议（SLA）来保证。在商业智能时代，这基本上意味着信息技术系统的拥有者和内部系统的拥有者相互之间都有协议，如此一来，数据传输才有高质量的保障。

在大数据时代，对于许多外部企业的数据传输，接收者都无法评估这些数据的质量。因此，对于外部数据传输，建立服务等级协议尤为重要。外部数据传输的服务等级协议没有解除企业自己判断传输数据质量的责任，为了使得服务等级协议在遭到破坏时传输数据的质量依旧能够满足要求，数据质量评估不可或缺。

数据质量评估并不是一个普通的话题。数据传输，比如从互联网中传输，需要确定其是否足以满足数据分析的质量要求。这一任务对于企业的数据分析有着深远的意义，只能由核心组织单元来完成，比如 DACC，其能够代理所有必要的附属活动。

8.2.5 专业领域和游戏化

在第七章，我们已经联系技能教育讲述过大数据分析中有若干工具可供使用，这些工具为专业领域提供了可能性，使得其能够不依赖信息技术程序，进行自发地、创造性地临时分析。

为了保证报表安全，企业准备此类工具时必须融入一个整体的纲领之中，以避免不同分析结果引发的讨论，这一点是不言而喻的。DACC 及来自专业领域、信息技术和管理部门的参与者都需要对此负责。

在这样的关系中，这些工具的另一个方面必须被提及：我们在不同的地方通过使用词语"游戏化"戏谑地勾画专业领域的数据分析。对此，人们可以理解为"将典型的游戏因素和过程应用在非游戏的场景中"（参见：维基百科，游戏化，2013）。

数据分析游戏化的目的在于：鉴于大数据的复杂性，人们无法期待专业领域的使用者们在使用复杂的分析工具时掌握深刻的技能诀窍，给出能够进行直观分析的工具，而游戏化可以精确地指出这一事实。在大数据时代，企业自发地以一个突然的、富有创造性的观点为依据进行尝试势在必行。

这一可能性也直接指出了大数据分析的进一步目标，这样一来，报表制度不再局限于传统的以数字为基础的报告，也可以从数据分析中获取新的认知。大数据被赋予了一种全新的品质，也就是"用数据讲故事"。

8.2.6 用数据讲故事

用数据讲故事指的是展示数据分析的（最终）结果，许多情况下纯粹以数字为基础来处理事实情况，用一张图表来呈现。然而，展示的受众们基本上要依靠自己来获知这场展示的创建者想要表达的关键信息。

库特·富克（Kurt Völker）在《数据和叙事：用数据来移动您的任务的六种方式》一文中描述了如何将展示变成讲述故事，这样可以减轻受众对于真实消息的接受压力【参见：富克（Völker），2011】。

这种结果展示的方式显示了数据科学家博大精深的专业知识素养，他们解释了如何研究某物，在第一步比如在纯粹的数字层面上得到了哪些结论等。这些专业知识更像是经过合适的比较和广泛的联系而进行了分类，更清楚地表达出这些数字对企业的含义。

严格说来，用数据讲故事在将来可能变成企业实现目标过程中唯一的且有待发展的方法论。由于大数据分析的复杂性和多层次性，通过表格和图简明易懂、不加扭曲地传递内容变得难以想象。

第八章总结

◆ 阐释数据分析结果的必要性自动引出了数据解释权的问题。

◆ 与结果展示相比，解释权在大数据的条件下，对数据分析有着更为基础的意义。

◆ 阐释的界限使得一些评论家所说的"理论的终结"和"抽样的终结"都有很大疑问。

◆ 在没有数学和统计学相关的深刻知识作为支撑时，人们会面临表面相关性、错误阐释和错误决策的风险。

◆ 大数据内容的多层次性和复杂性要求员工有广泛且深入的专业知识，而且要在企业层面上进行考虑。

◆ 员工个体的知识无法满足大数据对专业知识的要求，故而要进行系统的数据分析时，跨学科团队是不可或缺的，他们会将不同的专业知识技能捆绑在一起。

◆ 这些团队必须建立在有着很高的个体自由的基础之上，除了卓越的专业知识，他们的个人品质和能力也使得他们在企业中成为有创造力的策划人。

◆ 数据科学家和跨学科团队是报表制度的先驱，这对公司成为分析型市场竞争者起着决定性的支持作用。

◆ 数据科学家在工作层面上享有极大自由，达到最大的生产效率，从而实现企业最主要的目标。

第九章　大数据和互联网时代的市场营销

本章内容：

◆ 互联网中的沟通文化

◆ "Sinus Milieus" 互联网的使用人群

◆ 社交媒体——互联网使用者是数据的掌握者

◆ 重要的社交网络

◆ 数据大杂烩——社交网络的评估利用

◆ 社交媒体的市场营销

◆ 伪造成为营销工具——互联网中什么是真实的

◆ 个性化广告——宣传就是一切

◆ 社交媒体和营销投资回报率（ROMI）

◆ 营销是大数据的推动者

◆ 趋势和前景

关于互联网时代的一些市场营销，我们在第三章已经提到过了，现在的顾客拥有多种途径公开发表对企业产品或者服务的欣赏或者不满。我们在社交媒体市场营销的讲解中提到过，这种营销可能会对企业造成持续性的伤害，也有可能带来顾客对产品或者服务的好评和伴随而来的企业形象的提升。

因为顾客权力的提升，公司在顾客定位上又得投入新的方法，品牌塑造、沟通交流和潮流预测在互联网中变得越来越重要，这意味着企业应该处于公众还未察觉时就能够对一些问题作出反应的状态。

现如今对于企业而言，最重要的不再是把静态数据融入研究当中，而是发现并使用新的数据源，这通过现代技术就能达到。现实生活中每分每秒都有人在互联网上发表自己的观点，没有中介、没有审核，这使得与目标群体相关的信息和顾客的意见在互联网上可以免费获取，给企业带来了机遇和风险。这一点，我们会在市场营销的讲解中进行更具体的研究。

讲到对于危险的预防就必须提到企业的对外影响，比如企业对于网上的路人大战必须有必要的应对措施，此时企业光有历史数据是不够的。为了使企业在互联网上的行动切实有效，必须对消费者在网上发表的意见进行监控。必要的应对措施必须能够迅速引导投入，这样才能限制可能在互联网上像病毒一样扩散的负面效应。

在互联网上的路人大战中，社交网络和论坛的顾客对企业或者别的网友表现得非常消极；同时会引起一大波对于企业及其产品的不满。因为在互联网上发表自己的观点非常简单，所以当互联网使用者发现网上的观点和自己的一致时就会更加自由地发表自己的意见，由此可能会引发雪崩式的效应，短时间内就会有成百上千的使用者在极端情况下使用相对消极的、攻击性的话语表达自己的不满。所以，一个互联网积极分子对于企业产品和服务的言论可能对企业的销售和形象有着非常严重的影响。在极端情况下，当企业对网上的路人大战无法控制时，就很有可能导致公众对于企业的整体认知发生彻底改变。

网络的口水战也会有企业无法预测的罕见结果，比如说一家德国银行的广告引起了抗议声。在广告中，一个 2.13 米高的篮球运动员在超市肉柜边想起了自己的童年，在他的回忆中，他从女屠夫那里得到了一块香肠，女屠夫还对他说"这样你就能长得又高又大"——这从素食主义者的角度来看是非常可恶的、歪曲事实的叙述，从而使得这家银行在 Facebook 主页上成为话题。这样的场景，每一个做市场推广的人肯定觉得不可能发生。这个例子表明，将传统的和新的市场营销概念同时融入整体战略是非常重要的，这一点必须让所有的参与者都清楚。

我们之前举的例子还能有更深的发展。在这个问题已经大规模爆发后，纸质媒体和电视新闻也相继报道，银行利用虚拟网络法规关闭了 Facebook 主页上的使用者评论功能，这种方式再一次引发了使用者的不满。试想一下，如果银行像那些不关注自己互联网主页和社交媒体平台的企业一样，对爆发的口水战完全不予理会，结果会不会好一点？

必须证实的是，互联网上公开交流沟通的文化对企业已经有着巨大的潜在影响，这和企业在这种文化中尤其是社交媒体中使用的方式方法和质量无关。互联网上公开交流沟通的文化使得值得利用的内容同时被公开，使用者生成这些公开信息是为了和其他使用者保持联络，交流现实生活中发生的事情。

互联网使用者常常以一个他喜爱的产品或服务的外交大使的角色存在，而不需要考虑他发言的意图和内容。这样的发言带有对那份产品的真诚和真心，就算通过任何专业的广告公司加工修饰也达不到这样的效果。他可以仅仅通过比如简单地点击一个按钮，就能鼓动社交网络上的其他用户购买这个产品。

为什么人们会在互联网上发表自己的想法？有什么方法能让企业通过公开的交流沟通避免负面影响，同时有针对性地根据个人兴趣自动地引导市场客流或者让市场进一步发展？要理解这些，我们就得总结一下互联网的历史。

9.1 互联网中的沟通文化

互联网在形成初始就因为其令人难以置信的开创思维而引人注目，使用者在其中分享一切可以被电子化和拷贝的东西。一开始的邮箱文化被认为是互联网交际站的前身，在这方面做得独一无二。

数据能够被更广泛的用户使用还要归功于 20 世纪 90 年代被视为网络行业准则的《黑客准则》。根据这种准则，人们在分享时禁止以任何方式通过内容获利。那时候的先驱认为，数据不仅应该为所有者产生价值，也应该对大众开放，从而形成全社会的共赢。这里不只包含所有者或者共有者的物质层面，更应该包含所有参与者精神层面的长远发展，通过数据与信息的共享获取和对其再加工就能够实现。

根据这个准则产生了六条基本条例，这些条例在史蒂芬·乐维（Steven Levy）于 1984 年出版的《黑客：电脑革命的英雄们》中被总结出来：

1. 电脑的入口应该没有限制，对所有人开放。

2. 所有的信息应该可以免费获取。

3. 权威应该被质疑，应该优先去中心化。

4. 黑客应该根据他们的技术进行评级，而不是根据人种、阶级、年龄或者地位等标准。

5. 电脑应该被用于创造艺术或美好的事物。

6. 电脑应该使生活更好。

我们应该感谢这些道德准则，因为有了它们我们才能使用现在所熟悉的互联网。事实上，史蒂芬·乐维在 1984 年提出的基本准则也是对 20 世纪六七十年代嬉皮士运动后社会上已经存在的现象的总结。人们几乎分享一切，这在第一代个人电脑和后来的互联网发展中有着重要作用，同时也是首先追寻的自由目标。

在互联网早期就很活跃的使用者受到道德准则的影响，比后来在万维网时期才进入的使用者更好交际。对于第一台家用电脑诞生后人类思潮的详尽描述，能够在史图科尔的《电脑怪客来袭——从 C64 到 Twitter 和 Facebook，电子世界的历史》一书中找到，作者是网络世界在线游戏的部门领导人。

当仔细研究电脑早期发展的历史和精神以及不同科技的高速进步时，人们就能够清楚为什么在互联网中有那么多不同的阵营，对数据和内容的传播与分享有如此截然不同的看法。

9.2 "Sinus Milieus" 互联网的使用人群

可以确定，在那个时候，互联网的两大阵营之间就已经存在一个不能再大的差距了。一方面，那些一开始就接触电子世界的人，也被称作"数字原住民"，他们生活的很大一部分已经扎根于虚拟世界了。这些电子化一代因为好奇心，因为内心需求去追寻并使用新科技，了解并热爱数字化网络的新可能性。因此一有机会他们就会换掉过时的平板电脑、智能手机或者笔记本电脑，然后追寻新的潮流。他们对于世界根本没有一丝接触的恐惧，因为世界给他们提供了如此多的可能性使他们能够产生社交接触并实现自我价值。

另一方面，现在还存在这样一群人，他们几乎完全拒绝互联网信息交流的机会。他们担心这样高速推进的数字化会使得生活的各个方面的数据、个人隐私渐渐丢失。尽管他们了解互联网媒体的实用性，但对互联网还是持怀疑的态度。面对我们在第二章讨论过的现实世界对数据安全和个人隐私的讨论，这种担心不仅变成了不断扩散的恐惧，还在此期间变成了确实存在的问题。

德国互联网信任与安全研究机构（DIVSI）将互联网使用者按照他们对互联网的信任程度和理解程度分成了七组。根据这份研究，主导者约阿希姆·高科在报告中给出了两个关键因素（参见：德国互联网信任与安全研究机构，2012）：

1. 社会环境和使用者受教育程度的多样化。
2. 个人世界观的基本导向。

大数据时代下半场：
数据治理、驱动与变现

调查结果显示，德国有39%的人口选择远离互联网，他们觉得互联网操作要求太高，或者完全不考虑使用它（在2730万人当中，远离互联网觉得它不安全的有27%，希望有法制约束的互联网门外汉有12%）。有61%的使用者（4300万人）会受到互联网不同程度的影响。

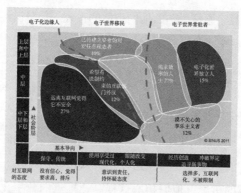

图9.1 Sinus Milieus 1

资料来源：德国互联网信任与安全研究机构，2012

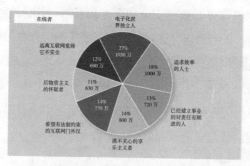

图9.2 Sinus Milieus 2

资料来源：德国互联网信任与安全研究机构，2012

像我们在第三章中提到的，为了应对可能出现的数据滥用的现象，必要的数据保护和诸如信任这样的传统价值观是如今企业进行顾客定位与企业诚信的重要组成部分，也是市场竞争的关键因素。诚信是顾客愿意提供他们数据的前提条件，顾客的信息已变成企业成功的一个越来越重要的因素，是21世纪企业资本的一部分。现在基本上所有企业的焦点都放在了强化基础数据和完善全方面的数据上，这样就可以得到客户全方面的个人性格图像，可以对客户的消费行为进行分析。

为了实现这一目标，企业自然会努力去取得和储存尽可能多的数据。虽然收集数据几乎没有什么技术限制，但是从专业性和企业的角度考虑，企业必须从战略性和概念性层面决定哪些数据值得被分析，它们应该被存储多少时间等问题。这方面要求企业基于数据收集的战略层面进行基本观念的转换，这一点我们在第四章已经深入讨论过了。

基于当下的社会发展状况，很难预料在以后不同的人群组会如何进一步发展。在民主社会发展中，数字原住民的群体一定会随着时间自动地扩张，而远离互联网的人群一定会萎缩。这种发展是否会衍变成一种整体广泛的同意开放个人信息的意愿？现实中，有关数据安全和个人隐私的公开讨论依旧很激烈。

这个问题中有一个非常关键的因素，这个因素我们在第二章也讲过——个人的"数据意识"和不同阶层的数据意识的形成。每一个社交媒体的使用者都必须意识到媒体只不过是把个人信息输入数据库的一个平台、一个前端，与这数据意识可能存在的差异化无关。

大数据时代下半场：

数据治理、驱动与变现

9.3 社交媒体——互联网使用者是数据的掌握者

通过互联网的社会性服务，人们首先可以完成没有互联网时无法做到的交互行为和沟通。人们可以把这种服务想象得更加抽象一些，就会明白，这样的交互平台实际上就是用户的接口，是平台使用者和数据库之间的应用界面，专业术语就是"前端"。人们通过前端把自己的信息输入数据库，以满足自我表现和与其他用户沟通的需求。

用户的个人资料从技术上来看就是纯粹的数据集合（包括姓名、地址、生日等），这些信息在之后会被不断细化（如教育背景、兴趣爱好、婚姻状况、现状报告、GPS 数据等）。数据库中关于个人使用者的信息越多，那么他的数字形象就越准确，对他的电子资料定位也就越精确。除此之外，用户也自由地选择相关服务，比如Skype（互联网电话）、Twitter（短博客）或者 Flickr（照片分享）。

年轻人对于使用互联网的顾虑比较少，根据北威州媒体调查部门以《与互联网一起成长》为题的报告中显示，人们低估了幼儿和青少年进入互联网后所产生的影响范围和潜在影响力（参见：北威州媒体调查部门，2009 年）。对于社交媒体的基本使用需求，我们已经概述过了，社交媒体上对于内容的分享是有针对性的，并随着某种刺激而变得非常热闹。部分刺激点我们会在后面分析单一社交网络时进行描述。

一般情况下，很难鼓动人们把自己的信息输入数据库，用户一开始都对手工输入数据不感兴趣，因为这一过程不仅需要时间，而且数据使用的方式也不是马上透明公开的，企业对于这一事实非常清楚。比如说当一个新的、能改善企业执行能力的 IT 系统被引进时，没有任何人争着把数据输入这个系统。

Facebook 的创始人马克·扎克伯格把 Facebook 称作"生活之泉"，是一种生活档案、一本公开的日记本。通常人们不会把真的日记本和别人分享，因为里面有他们的秘密，但在互联网上则不同。互联网提供的新的服务能够基本消除许多用户对于这方面的担忧，能够使得数据库看起来并不是数据库，而是朋友聚集的地方。这样人们的心理认知就发生了改变，就会主动地把个人的信息输入互联网。

9.4 重要的社交网络

近些年，互联网社交网络平台整体的推广方式发生了比较大的变化。比如在 Facebook 里，引入"点赞"这一按钮来推广；在 Twitter 里，潮流在几秒钟之内就会形成，也会在很短的时间内消失；在 Pinterest 里，人们分享他们认为很美好的东西。图 9.3 生动形象地表明了从 2012 年 9 月到 2013 年 9 月不同的社交平台利用数据流的情况。

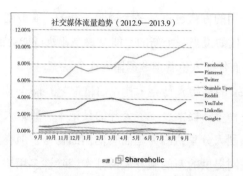

图 9.3　社交媒体流量趋势 2012.9—2013.9

资料来源：Wong，2013（见附录）

9.4.1 Facebook

Facebook 是使用人数最多的社交网络平台，根据 2013 年第一季度的季度报告，已经有 11 亿人正在使用这个由马克·扎克伯格创造的社交平台。图 9.4 展示了从 2011 年 1 月到 2013 年 1 月的每月活跃用户的变化：

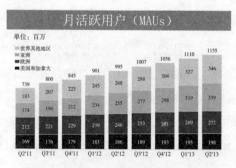

图 9.4　Facebook 每月活跃用户的变化

资料来源：techcrunch.com，2013

　　使用者自己在比较短的时间间隔里产生别人可能感兴趣的内容，使得几乎 50% 的注册用户每天都登录到软件上。

　　比如说使用者上传一份状态资料、一个链接、一个活动或者一张照片到数据库，那它就能够显示在别的用户的朋友列表里，可能会被点赞或被评论，这就是 Facebook 的点赞特色。这种奖励模式由于可以对个人行为快速地反馈，而增强了使用者继续产生更多内容的动力。

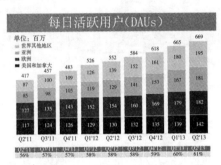

图 9.5　Facebook 每日活跃用户的变化

资料来源：techcrunch.com，2013

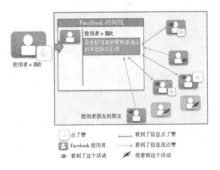

图 9.6　Facebook 点赞功能的运作机制

点赞的效果类似于雪球效应，反应了互联网病毒效果的一面。因为成为朋友的使用者兴趣爱好都很相似，所以他们会在网页上相互点赞。

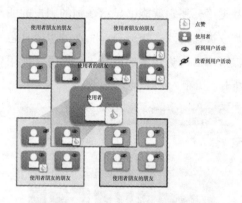

图 9.7　Facebook 的病毒效应

这种用户的个人推荐对于市场推广来说非常有趣，调查结果显示，消费者更愿意去购买那些推荐给他的产品或服务。一份来自 marketingfish.de 的研究表明，67% 的受访者最有可能购买好友推荐的产品（参见：marketingfish.de）。

除此之外，Facebook 很早就实现了引入别的网页信息的功能。通过引入别的网页，将内容直接粘贴到用户的时间线上，从而被其他用户看见，许多公司也会让用户在公司的 Facebook 主页上点赞。

不仅是使用者的兴趣会被纳入计算范围，使用者单纯的对网页的访问也是非常有利用价值的。Facebook 不仅储存使用者对于点击的互动，也就是他们的主动行为，同时也记录网页的阅读数，也就是交互行为。当一个用户在他的账户上登陆，点开任何网页时，Facebook 都会储存他点开过哪些网站。因此即使在没有软件活动的情况下，网上的用户活动档案也会全面地记录下用户的使用情况。Facebook 知道使用者点开了哪些网页，阅读了哪些文章。

Facebook 点赞按钮的活跃除了可以作为推荐功能外，还起到了公开深度认知用户的功能，用户通过多种多样的状态发布"我喜欢某些东西"使得个人的形象越来越具体。

2013 年，英国剑桥大学和美国微软公司的研究人员选出58466 名实验人员对他们的点赞行为进行调查。对于这些数据的透彻分析能够推测被调查者的性别、种族关系、性取向和政治信仰等信息。

1. 肤色：95% 的准确度；

2. 性别：93% 的准确度；

3. 性取向（同性恋 / 异性恋）：男性88% 的准确度，女性75% 准确度；

4. 民主党还是共和党：82% 的准确度；

5. 基督教还是天主教：82% 的准确度；

6. 是否吸烟：73% 的准确度；

7. 是否喝酒：70% 的准确度；

8. 婚姻状况（单身或已婚）：67% 的准确度；

9. 是否有毒瘾：65% 的准确度。

将 1987 年德国发起的人口普查与现在的规模调查进行对比，

我们发现现在的人们对个人信息的公开程度如此之大，这对于企业来说是一个非常好的深度渗入顾客群和市场的机会。

自从 2013 年 Facebook 启用点赞按钮后，它的作用就变得非常大。一家企业给 Facebook 支付一定的资金，Facebook 就会重新刷新网页以让企业的主页再一次显示在之前点赞的使用者的时间线上，这并不需要之前点过赞人的同意。因此可能有时当你的好友看到这家企业的广告时，会惊奇地问你为什么会再一次给这家企业点赞。

有意思的是，在这种机制下，Facebook 完全放弃了"我不喜欢"这个按键。而 Facebook 的使用者不仅想在对其他用户评论或回复时用到这个按钮，更呼吁用它来表达对某些公司的产品和服务不满（参见：罗斯，2013）。Facebook 无法显示用户对粉丝网站的注销和点赞的撤回情况。人们在粉丝网站上点"我不喜欢"这个按钮，那么该网页的推送消息就会从用户的时间轴上清除，好友们也就无法看到，因此撤销点赞才不会引起病毒式影响的反方向发展。

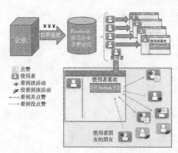

图 9.8　Facebook 投资人流程

与此同时，企业也能通过 Facebook 提供的功能分析利用诸如用户撤回占帮等行为。这一过程我们会在接下来的"Facebook 评估利用"一节中进行描述。

9.4.2 Twitter

Twitter 为用户提供了短信息发布服务，人们最多只能在网上发布 140 个字符的信息。如果一个用户喜欢这个短小形式，那他就可以关注这个推主，之后就会自动收到他后续的推送了。用 Twitter 术语来说，这个人叫关注者，也就是关注你的人。与Facebook 不同的是，Twitter 里的大部分资料都是公开的，也就是任何人都可以关注别人，也会被陌生人关注，人们能够把陌生人的消息再加工，用自己的名字发表。

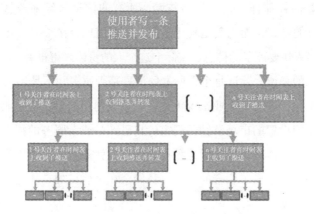

图 9.9　Twitter 中的推送和转发

与 Facebook 相比，Twitter 更加简单，它是用户自创的虚拟图像的具象化，并不直接与真实用户相关联。通过这种虚拟具象化，也就是虚拟化的改变自我来激励用户，使他们更加愿意开放地交流，提供真实的信息。在数据信息分析中，真实性起到了非常重要的作用，之后我们讲到虚假数据时会再一次总结。

Twitter 公开的推送对于互联网上的任何人来说都是可见的，导致消息会非常快地传播，有的阅读消息的人甚至没有 Twitter 账户。只有部分现场直播节目会比 Twitter 更快地将信息推到网上，但是它们必须准备图表和主持人手中的纸稿，还有 Twitter 上常规节目之前公布信息的情况。比如说，Twitter 公布德国联邦总统的选举情况比官方联邦大会给出的选举结果还要早。

这听起来是比较积极的，因为它实现了当下沟通前所未有的透明化和高速化，但它也有弊端。信息在公开之前不会像以前传统新闻社那样对信息进行校验，所有的信息未经筛选就进入 Twitter 的空间，无论其是真还是假。比如用户会在 Twitter 上看到一个名人快要死了的信息，实际上这个人的身体好得很。

总的来说，验证每个人所发的消息是否属实并不是 Twitter 用户的文化，这对于企业来说也是一个可以利用的事实，企业可以利用专门设置的市场营销部门宣传自己产品或者服务的积极正面的形象。其他用户接收了这种广告信息，就像之前习惯了点赞和推送一样，组成了联合的讨论。我们会在之后更加具体地解释这样的市场推广投入。

Twitter 通过标签的形式使得其执行某些主题时变得简单。Facebook 的推送一般是未被分类的，而且必须以好友申请确认或者以点赞的方式为连接前提。Twitter 用户通过"标签"的功能发送状态，标签是与内容和信息相符的关键词，由"#"引导，比如"#号外"。通过这种方式将用户和这个话题下的其他讨论者联系在一起。

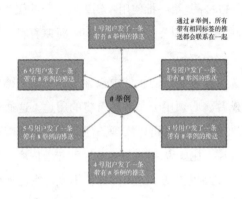

图 9.10　Twitter 的标签功能

人们在点击这条标签时，Twitter 会按照时间顺序把原作者和其他所有使用这个标签的推送都列出来，这种系统在技术上被认为是为使用者的每个推送配上清晰的标识，帮助用户实现有效利用。如今，不同的网站上已经提供了实时识别 Twitter 上热门话题的功能，同时也能针对地理位置进行统计（来自 http://trendsmap.com/）。

9.4.3 Flickr

Flickr 是雅虎旗下的一款软件，被许多专业摄影师使用，因为这是第一个在线图片分享平台，它使得图片的设置和呈现变得简单。Flickr 有一个很方便的登录功能，给摄影师的图片设置了必要的评论的功能，让来到他的网上画廊的游客给出评价。同时软件还支持储存更高分辨率的图片，只要拥有者开放权限，别的用户就可以下载。Flickr 是第一批使用"知识共享"的服务软件，这一定义来自 2001 年建立的公益组织（参见：维基百科，知识共享，2013 年版）。

在这个为创作者制定的软件中包含这样一条道德标准：其他人如果使用图片，必须用于作者所希望的用途。这通过得到艺术家作品的标准许可协议就可以实现。任何引用都须带有一系列的标识和缩写备注，比如说缩写"by-nc"意味着内容非商业使用，如果艺术家在作品里提到了这个，那就不允许在任何商业性质的场合下使用他的作品。

尽管 Flickr 一开始只是作为一个分享照片的平台而存在，但后来通过评论图片、标注最爱图片或者关注某个摄影师等功能，Flickr 逐渐发展成一个社交网络。新的服务商，比如 2012 年被 Facebook 以 7.6 亿元收购的 Instagram 就以相似的路径发展，定位在速拍功能；同时，提供各种制作图片的滤镜，比如使照片拍出老照片的颜色或者黑白效果。

9.4.4 Pinterest

Pinterest 把自己设计成一块大头针挂板，用户可以把有意思的图片或者视频（比如说来自 YouTube 的视频）挂起来让别的人也能看见。通过这种形式，使用者展示分享了他的兴趣所在，同时也产生了广告效益。通过一定的描述，推出来的状态会被分享，或者在一些主题群中散播开来（比如说 http://www.pinterest.com/fooddotcom/ 里都是餐厅食品和菜肴的图片，http://www.pinterest.com/all/womens_fashion/ 里是女士时装主题）。

其他用户可以在贴出来的消息下回复，一般情况下照片的使用者都会直接写出在哪里获取的这些照片，如果是衣服一类的产品也会说清楚是哪个设计师的哪个系列等信息。这样，使用者就会根据这些东西的目录分类浏览，有针对性地找到吸引自己的东西。

Pinterest 使很多人惊讶不已，它继社交网络服务商 Facebook 之后使互联网上的社交网络流量再一次达到高峰。但是由于 Pinterest 提供了高分辨率的图片，自然就会比纯文本要求更多的流量。

现如今 Pinterest 显然是一个交流兴趣爱好的好地方，可是充分利用数据分析价值是件非常困难的事。仅仅在德国，与 2012 年相比，Pinterest 就增加了 864000 个使用者，增长了 181%，而且平台正在不断扩展。平台的分析数据服务以及推展利用数据只是时间的问题（参见：施密特，2013）。

到目前为止，我们大致纵览了互联网交流通信的基本模式和它们对社交网路所造成的影响，现在就有问题出现了：人们该如何从这些杂乱的数据中提取出有用的信息？为了尝试解决这个问题，人们会对之前描述过的平台进行限制，从这些数据大杂烩中筛选出和我们有关的数据。

9.5 数据大杂烩——社交网络的评估利用

由于互联网提供了大批应用服务，所以充分利用数据的潜力理论是无限的。就像我们在第四章论述的，潜力开发的界限不在本身，而在于对比如战略等昂贵企业活动的投资是不是足够；数据分析的主要支出不在于技术性的融合，而在于提出概念性的、企业性的专业问题，专业部门的专家和 IT 技术人员紧密合作才能解决这些问题。

下面的清单能够把上述内容解释清楚，见表 9.1 和表 9.2：

表 9.1　社交网络数据 1

数据源	基本数据准确性	数据可使用性	数据真实性	结构化 / 非结构化数据
Facebook	非常高 相对较严的身份认证流程，其他使用者可以相互验证。	有限制 使用者决定哪些数据信息他愿意分享。想要获取基本数据必须成为好友或者点赞与关注。在 Facebook 应用程序编程接口的分享数据可以利用	非常高 但是可能会受到负面报道的影响。只有通过借助分析工具才能分析出正面或者负面的结果	结构化的数据模型（图像模型）。能够将使用者的图片、文字和评论相关联
Twitter	无使用者基本匿名	大部分非常开放	高	能够接收纯文本、外域链接和图片
Pinterest	不准确 使用者注册时要提供全名、出生、国家（未验证）和电子邮箱地址（需验证）。可以通过 Facebook 注册账户登陆	应用程序编程接口能够简单地分析个人推送数据。但是还不能分析数据库中的大量数据	高 与其他状态推送服务商可能产生负面内容不同，其主要是对产品的正面宣传	不清楚
Flickr	注册时较低，登录后就没有			

表 9.2　社交网络数据 2

数据源	内容形式	位置数据	主要使用的数据分析
Facebook	自由文本、图片、能够被程序储存外域链接	有只要是移动终端发出的推送，否则就是手动的选择地点信息，比如在企业网站主页登录产生位置信息	个人资料、兴趣爱好、婚姻状况、家庭成员、住址、电话、其他互联网服务（比如 Skype 和 Twitter）、政治信仰、朋友圈、受教育程度、职位信息和社交圈、图片、可交换图像文件数据
Pinterest	主要是图片，还有纯文本、外域链接	上传图片时利用的是可交换图像文件数据。Pinterest 的推送能够识别第三方应用的 GPS 坐标，上传图片时可以带有拍摄地点信息	主要总结使用者公开的兴趣爱好和活动，审美特点也有可能被分析。比较适合做个性化广告的平台
Twitter			潮流、兴趣爱好和粗略的分组信息
Flickr			可交换图像文件数据，有时会用到 GPS 数据

9.5.1 Facebook 的评估利用

Facebook 对于内容的分析利用有着自主研发的语法查询系统，也就是"Facebook 查询语言"（FQL），它的命名和语法以传统的数据库查询语言"结构性查询语言"（SQL）为蓝本。从 2010 年起，Facebook 就公开了简单基本的图表应用程序编程接口。

Facebook 根据图论组织用户输入的数据（参见：维基百科，图论，2013 年），这一理论表明图表总是由两大元素构成，分别是对象（也就是节点）和对象间的关联。使用者在 Facebook 里所有的数据段都会被保存下来，无论是地点、网页、图片还是时间轴事件，每个对象都有唯一的身份编码。

通过图像应用程序编程接口可以直接在互联网浏览器上完成查询（http://developers.facebook.com/tools/explorer）。这些查询都会以 http 请求的形式在浏览器上显示结果。Facebook 已经设立的多种多样的"软件开发工具包"（SDK）使得有能力的使用者能够在别的系统中使用这些数据（比如 Flash，Python，Java）。

Facebook 中，私人的兴趣和企业主页的特征存在差异。私人数据需要双方激活的联系，换句话说，就是一边有问题时，另一边得有回答。而在粉丝网页或企业主页上并非如此，一个用户与一家企业建立联系，只要用户单边激活就够了，其余的可以自动确认，否则可口可乐公司就得逐一确认它 7500 万粉丝的申请了（基于 2013 年 11 月数据）。

从技术上来说，对象间的联系会被存在一个节点中，这个节点可以说是使用者的关键纽带，它控制着使用者查看另外使用者信息和推送的权限。在图像应用程序编程接口中，这些节点也能用来进入其他使用者数据库进行查询，可以查到那些用户之间共用节点才能查到的数据。

除了鼓励用户建立朋友关系来分享数据外，还有一种就是对用户在企业或粉丝网页上点赞的统计来分析数据。一个实时监控的企业或粉丝网页不只是在维护企业形象上非常重要，同时也可以获得与网页建立联系的用户的有效信息。

从这一方面来说，很多场景可以用来分析利用，比如说从不同时间节点粉丝的数量推测出他们关注和取消关注的规律。我们可以通过时间戳准确地查出用户的点赞时间点或者撤销点赞的时

间点，这样就可以查清楚用户行为和企业活动在时间线上的交互
影响。人们可以实时分析群众对新广告短片或者新刊登广告的反
应，比如直接在电视广告第一次播放之后进行统计。

9.5.2 Twitter 的评估利用

对 Twitter 上数据的分析利用简单得多，比如说热门话题查询
引擎能够让企业持续监视一个由其发起的标签，或者长时间观察
到这标签的次数，甚至不需要企业拥有一个 Twitter 账号。由于任
何人都可以通过 Twitter 推送消息，所以你不需要任何权限就可以
通过搜索算法和实时载入程序实现对数据的分析，人们直接通过
Twitter 的操作界面就可以获取数据。

要想让一个热门话题自发形成，比如说推动企业产品和服务
的宣传，需要的不仅仅是这些。一方面，企业必须有良好的企业
形象和众多粉丝关注者；另一方面，只有推送或者标签传达的信
息真实有效，广告的方式不明显时才会被用户流传。如果企业的
广告方式太明显，推送的信息就不容易被人接受，甚至可能会招
来负面的、尴尬的用户评论。

9.5.3 Flickr 的评估利用

现如今有将近 8900 万 Flickr 用户，每个用户可以储存 1 兆字
节的数据——这些都不需要额外收费，那么就会有一个问题：企
业如何用资金支撑这么多储存量？企业使这些用户图片作为免费

的资源，就像其他社交媒体提供的服务一样。这些内容会吸引浏览者，从而企业可以对访问者的点击行为、个人兴趣爱好进行分析。此外，图片本身也隐藏着许多信息，这通过投入大数据分析工具能够转化为资本。图像的潜力表现在两个方面：

1. 企业可以通过高效的特征识别算法分析利用图像和其带有的内容。

2. 企业可以通过可交换图像文件更简单地利用数据。

可交换图像文件数据包含部分技术框架结构描述的信息，根据这些信息就能生成图片，比如焦距、光圈、曝光时间、拍摄时间以及摄影师的姓名（当相机被注册过的时候）等。

而在智能手机里，带有这些信息已经是标准配置了。比如说iPhone 的照片会连着 GPS 的经纬度数据和摄影师的位置信息一起被储存，这使得摄影师的拍摄线路变得一清二楚。另外，可交换图像文件数据也不会和图片分开，而是和照片一起不被发现地储存起来，当使用者对照片有一定权限时，就能通过应用程序操作接口看到这些数据。

上传到网络平台的图片除了可以作为纯粹的题材外，还带来了数据分析的新潜在机遇。照片中所储存的数据能够实现企业对用户行为的精确开发，这种可能性在过去几年里变得越来越吸引人，因为随着电子照相机和智能手机的广泛普及，如今越来越多的照片被记录下来，其数量远超前几年。

9.6 社交媒体的市场营销

社交媒体市场营销的有些方面我们在第三章中已经讨论过了，在此，我们简短地将一些相对新式的市场营销和传统的市场营销工作进行一下对比。

对消费者来说，现在的广告越来越成为一种扰人的存在。著名的埃德曼·伯兰（Edelman Berland）根据 Adobe 公司的要求在欧洲多个国家做了一次调查，其中 62% 的德国受访者表示互联网上的广告让他们觉得非常厌烦，17% 的人认为这些广告纠缠不休，只有 7% 的受访者相信电子广告，觉得内容吸引人（参见：Heise.de，2013 年）。与此同时，在 2012 年，德国互联网在线广告的市场总量第一次突破了 60 亿欧元大关。【参见：联邦数字经济协会（BVDW），2013】

像印刷广告（占 28%）、海报广告（占 23%）和电视广告（占 21%）等传统媒体的消费者更注重安全性，他们更希望能够根据自己的需要把这些网络广告关闭掉。在线广告是纸质广告和电视广告共同的衍生形式，它主要还是鼓动人们消费，有时还配有一定的背景声音，但它并不被人们喜爱。只有 6% 的受访者通过网页上的广告获益，2% 的人认为社交网站上的广告有价值。

在这样的背景下，广告主通常把社交网络的广告以一种潜移默化的方式推送给用户。通过之前所述的 Facebook 点赞的方式，我们可以得知，互联网的病毒式效应结合了由公众参与推导出来的用户认知，这使得广告和个人观点产生了新的一致性。消费者不仅仅是消费，还发表个人的观点使别的用户也能看见，同时也是对这些消费者个人形象的拼接完善。随着人们不断地对某个产品或者企业以点赞或者转发的形式发表观点，这些紧密衔接可以帮助使用者根据别人的观点对企业的产品和服务有自己的认知。

现在不是企业为自己拼命打广告，而是那些在互联网上别人都相信的用户为企业打广告。由于用户互联网化，他们之间产生了一种全新的品牌意识，一些用户会组织活动来讲述自己对某一企业或某一产品的看法，所以在这种层面上来说消费者不再相互孤立。

面对这样的现状，企业市场营销最重要的问题是如何让用户间的观点对企业产生积极的影响。对于这个问题，我们不得不再次提到"假账户"，在第三章中我们已经讲过制定对应的策略对企业来说具有多么重要的意义。在此，我们将进一步了解互联网虚假信息对于企业的影响。

9.7 伪造成为营销工具——互联网中什么是真实的

在分析 Facebook 那一段中引用过的 marketingfish.de 所做的调查显示，63% 的受访者在做出购买决定时会受商品评论影响（参见：marketingfish.de，2013）。这就导致了企业出动整班人马在网上对自己的产品或者服务做出好的评价，使其看起来非常有价值。企业使用这样的方法，再加上网上个人用户的评价不一定一直是符合实际的，基于这一事实，人们不得不思考："互联网中到底什么是真实的？"

随之而来的是，通过什么样的方法能够区分互联网中真实的和虚假的信息？如何在这样的背景下确保数据分析对数据质量的高标准、严要求？从数据分析的角度来看，首先能够确定的是虚假信息的数据价值永远不会被高估。

数据质量不合格自然会对数据分析产生不好的影响。极端情况下，虽然企业有意投入的虚假信息能在短期内产生积极作用，但一直利用虚假信息会对企业产生反作用，导致企业的评价系统变得毫无意义。除此之外，如果用户发现企业长期在互联网上投入虚假信息，则会损害企业的形象，这将再一次引发互联网的病毒效应，使企业成为广泛被讨论的负面话题。

另外，互联网上的虚假信息所产生的问题还有更深层次的，这在一定程度上是媒体固有的现象，因为总的来说，不是每一条在社交媒体和网络 2.0 产生的信息都有真实严肃的背景资料。个人和企业每天都会上网制造一点恶作剧或者玩笑（参见：维基百科，网络恶作剧，2013）。有个很好的例子，就是一场特别的与图片结合的点赞活动，这种活动在 Facebook 中可能由一个人或者一家企业发起，目标只有一个：让尽可能多的人给这幅带有信息的图片点赞。

曾经有一个这样的活动，图片上是一对年轻男女，男人高举着一张写着潦草字迹的纸，上面写着："集满 100 万个赞，我就能和她睡觉了。"许多用户出于同情给他点了赞，想帮他实现愿望。值得注意的是，这样的活动往往带有很强的情绪化背景，比如寻找失散亲人等。人们在分析数据时，该赋予这样的点赞活动怎样的意义价值呢？毕竟这些点赞活动与企业的产品和服务没有什么具体的联系。

即使上面提到的年轻男人的案例仅仅是个闹剧，没有大范围的市场操纵意图，也可以确定个人或企业对于群体用户的观点影响力已经变成社交网络文化不可抗拒的组成部分了。

在这样的背景下，企业必须自己找出分辨真实信息和虚假伪造信息以及市场操作的方法。鉴别虚假信息并把它们从数据集中筛选出来，这样的能力必须在分析数据时被使用，所以它必须在互联网和大数据时代成为系统学的重要组成部分，以保证数据的高质量和分析系统的准确性。

需要注意的是，所有的数据，无论真实与虚假，其都能在特定专业的前提下作为数据分析的基础数据。我们必须弄清楚原始数据在各自的本质关联上有什么意义。这项工作必须由专业的、跨学科的团队来完成，这一点我们在第八章中已经提到过了。针对利用互联网中的数据这一方面，维持数据的质量有可能成为企业的一项真正烧钱的东西，因为从虚假数据中鉴别真实数据的难度会越来越大。

9.8 个性化广告——宣传就是一切

新媒体对于市场营销的巨大潜在价值在于互联网的个性化广告。毕竟在大数据时代，所有的市场营销数据分析都意在更深地渗入客户与市场，使得自己的产品和广告能精准定位，迎合现有需求。就像我们在第六章讲的，传统创新与价值创造逻辑的颠覆是大数据潜力的基本方面，这正是市场营销部门关注焦点之所在。

比如说，几家运动鞋制造商将企业的活动重点持续放在互联网的潜力上，耐克（Nike）、阿迪达斯（Adidas）、亚瑟士（Asics）还有新百伦（New Balance）现在都生产鞋子，并让鞋子在全球大部分地方同一天上市。鞋子的设计部分与有名的休闲鞋品牌合作，或者与著名的音乐家、艺术家、运动员联名，这些品牌对顾客认知有很深的影响。

在网上商城和社交媒体的市场营销手段中，往往这些款式会在开售前发出预告。此时企业不说清商品制造的件数，为的是营造一种非常高级、限量销售的气氛。在很多情况下，顾客们会对这种限量版和产品的高级品质信以为真，从而提升了潜在购买者的兴趣。

这些潜在购买者的行为在互联网上引发了病毒效应，这场营销活动的影响范围很快地变大，因为所有的账号都发状态或者推送，暗示着将要收到新买的鞋子。对于企业有利的是，互联网会对顾客的猜测进行大肆宣传，从而产生一种新的需求，这体现在企业主页的被关注度上。当到了这一步时，企业的营销活动就算成功。通过互联网的宣传，产品有时会在几秒内售罄。

在这样的背景下，产生了一群特别的买手群体，他们被称作中间商。他们根据鞋子经过市场宣传后价值提升的可能性购买鞋子，之后再以两倍甚至三倍的价钱把鞋子卖掉。企业通过在社交网络上的沟通和宣传，能够在很短的时间内卖出比其他任何渠道都多的鞋子。虽然早在20世纪80年代，社会上就有了最初的人为伪造出来的大范围宣传现象，但这种方法只有在现在的技术条件下才能实现。

许多企业将口碑宣传与之前所说的营销活动共同进行，这样就能从简单的产品发布时制造出群体效应。在此有一个再好不过的例子就是苹果公司发布它的 iPad 和 iPhone，由于它的知名度太高这里也就不再具体细说。苹果公司对于这种方法有一个固定的概念解释：现实扭曲力场域（参见：维基百科，现实扭曲力场域，2013）。这个概念始于公司经理的一次发言，公司对产品进行最高级别的保密，然后将产品以引起轩然大波的方式公开，来吸引消费者的兴趣。

但这种宣传方式有一种副作用，这种副作用使得根据这种模式执行的企业容易陷入需要不断推出创新刺激顾客群的压力，不然这种宣传来得快去得也快（参见：妮娜·皮雅申科，2013）。这就会导致那些没有在第一天卖掉的产品在之后更难售出。

为了能够制造非常规的宣传浪潮，或者创造企业的口碑营销，Facebook 在 2013 年 8 月 29 日改变了使用条款，为企业推出了个性化广告的功能（参见：厄琳·艾冈，2013）。有关这个服务是这样描述的："你允许我们使用你的名字、头像、信息内容等……"

而在以前的服务条款里是："你允许我们在你确定的限制前提下使用……"（参见·布莱特伍特 & 丽丝纱卡，2013 年出书。）

9.9 社交媒体和营销投资回报率（ROMI）

如果企业管理学的"投资回报率"原则上注重的是投资后的资金回流，那么"营销投资回报率"就是一种营销手段的成功牟利。然而，"投资回报率"与"营销投资回报率"都是难以具体去预测的。因为有时候都是要在措施实行了之后，或者在营业年度最后结算利润表的时候，结果才会被人知晓。

在社交媒体的关注下，只有当客户的反馈通常所呈现的价值或者对于广告信息内在化的保证被人知晓时，人们才有可能弄清楚与一场运动等价的货币价值。现在要去弄清楚其具体价值，还是比较困难的。在一项受 Adobe 公司所委托的 Forsa（社会调查与统计分析）研究当中（参见：Forsa，2013），有 56% 的企业负责人以及至少 45% 的企业市场部职员认为社交媒体营销的作用被夸大了。

虽然 67% 的被访企业负责人认为社交媒体营销是很有必要的，但是也有 65% 的人认为其令人烦心。在市场部，有 71% 的职员觉得"很有必要"，而 51% 的职员认为其"令人烦心"。只有大约

50%的被访者认为线上广告是吸引人并且有效的。当被问到"哪些社交媒体营销的手段是有希望获得成功的"这一问题时，78%的被访者认为是客户满意度分析（92%的人赞同）。

圣加仑大学的一项研究表明，人们很有可能去评估社交媒体措施的回报率有多高。虽然这种认识还是比较新鲜的，但是人们会与企业一起致力于研究"社交媒体的回报"（参见：圣加仑大学市场营销学院，2013）。

当一则广告消息被推出时，人们在线上市场营销中会提到"印象"这个词（参见：维基百科，Impressionen,2013），客户是否点击这则广告消息并不重要。这些广告的问题是"点击骗局"和自动单页点击率，它们已经渐渐失去了说服力，因为这些广告是否真正能被用户看到并不能确定。而其中牵扯出的"千人成本"这个概念在人们看来意义深远。

一个广告营销活动是否成功受到广告作用范围的影响，一个营销活动的作用范围本身也是一种人们用来衡量营销活动是否成功的标准。而之前提到过的圣加仑大学的调查研究表明，这个标准也被88%的企业用于衡量社交网络营销活动是否成功。影响范围意味着有多少事先定位的广告受众可能看到广告或者看过广告，企业通过社交网站能够更好地衡量社会媒体市场营销的影响范围。人们可以通过社交媒体服务的分析报告，清晰具体地看到粉丝、关注者、点击数和浏览数的数据。

有52%接受调查的企业能从用户参与行为的特征码中推导引入成功量值，在报告中，这个值与点赞、评论、分享、转发的总量有关。87%的企业力求寻找直接从社交网络平台得到的对分析有价值的数据。57% 的企业使用自己的社交媒体监控系统，这个系统使得他们能够通过大数据成功地建立并利用可使用数据。

现在很难说清楚一种产品或者服务上升的销售在多大程度上要归功于市场营销。因为市场营销的影响就像产品的质量、价格、形象和其他一些因素一样，只是顾客做出购买决定的一方面原因。

企业现在不能像以前那样简单快速地计算投资回报率，社交网络上的使用者越来越开放，越来越愿意分享自己的信息，基于用户的反馈会形成更加精确的"影响分析"。在最好的情况下，这种分析预测确实能够符合现实情况。

像玩游戏赢奖励的活动一样，刺激的方式在互联网时代是非常有效的吸引顾客的方式。这首先能够提升企业形象，帮助企业确立执行怎样的广告策略和广告优化。电视台会给它的顾客，也就是企业一个关于它的广告在各个时段的辐射影响力的概况。顾客再将这些时间段与目标群体进行结合，就能渐渐了解对于产品感兴趣的潜在顾客的百分比，甚至还可以分析出这些人的年龄段——这在以前只能通过像采访和问卷调查这样高成本的、缓慢的市场工具才能实现。

一条一直在顾客面前重复播放的广告会通过单纯曝光效应（参见：维基百科，单纯曝光效应，2013）导致顾客屈从于这样的广告宣传，即使他有一些疑虑也还是决定购买该商品或者服务。当然也有可能导致相反的行为，比如说网页横条广告，许多企业不断地注册这种横幅广告来为网店吸引客流，这些流量数据在很大程度上会被使用和分析。比如顾客 A 在一个网店里查看一样商品，他可能不会购买，但广告公司还是会记录下这次点击（印象 VS 点击付费）。这种基于现有的技术总结和分析信息的方法非常复杂，而这条价值链在最后会根据用户点击过的商品形成这位顾客特有的特征图像。

相似品类的商品也会被识别出来，这种功能是通过搜索其他使用者重复点击过的商品信息来实现的。它会找出那些顾客还没有点击过的商品，并尝试找出这几样商品间的关联信息，顾客就可以从网页上的横幅广告中看到系统根据其他用户的兴趣推导出来的商品。这里面不仅有通过这些识别所推导出来的商品，还有之前看了但是没有买的商品。

这种系统通过用户使用智能手机的习惯也可以将交易转移到移动端上去，用户手机上网络适配器的 MAC 地址（Media-Access-Control-Address, 参见：维基百科，MAC 地址，2013）是一个顾客专属的技术地址，每一次智能手机联网登录时都会通过 WLAN 路由器被储存下来。当一家企业分公司使用 WLAN 时，就能记录下企业内部的所有活动（参见：考彼托夫，2013）。有些企业还为实体商店提供监视摄像头，用来扫描顾客的年龄、肤色或脸部。

这些信息还需要与顾客的 MAC 地址相关联，这就要通过比如会员卡的形式来实现了。根据数据追踪技术，当顾客站在柜台边用会员卡付款时，就能将那些在这个时间点站在柜台边的顾客的会员卡的数据和智能手机 MAC 地址一起分类，从这种类似的购物体验中也能生成为顾客的购物行为特征。

另一种方法就是通过智能手机里的 APP 识别 MAC 地址。每个用户对企业来说都有各自独特的价值，企业能够区分那些定期购买企业新产品的顾客和那些只在打折的时候购买廉价商品的顾客。企业能够通过历史购买数据或者社交媒体资料了解到顾客的消费行为，这样就能实现 VIP 客户在登录时收到最新、最贵产品的信息总结，而买打折产品的客户在登录时收到促销信息和清仓甩卖消息——两者都通过移动手机进行推送提醒。

这两种情况都很好地运用了针对客户的个性化广告，但这也会成为顾客反感的根源，因为顾客感觉到自己被监视了，自己的自由空间受到了限制，甚至自己被逼迫购买某样商品。这种数据分析的方法可以利用在顾客没办法确定购买哪样商品时，但是在使用前必须考虑到顾客对这种功能的接受能力。

9.10 营销是大数据的推动者

在之前对现有的市场营销方法的描述介绍中，我们认识到了互联网市场营销的可能性。在这里，我们将再一次说清楚这类市场营销对于大数据的重要意义和交互影响。

在引言部分我们已经阐释清楚，在大数据背景下，我们通过哪些多样的源头、借助哪些不同的终端来不断产生大量的数据。在"大数据基本循环"的概念中我们讲过，数据生产、数据储存、数据加工和应用不断更新的数据会在一个持续的循环中进行，随着时间的推移，数据量会越来越大。

对于市场营销来说，数据量越大首先意味着企业有更大的可能性通过分析这些信息深入渗透到顾客群和市场中，了解顾客需求，创造新的消费需求，从而不断扩大业务。眼下的数据储量对专家来说还不够，内容上也不够完整准确，还无法实现数据所隐藏的潜能。

现在，市场营销还只是停留在接受数据和使用数据上，这也导致了数据处理的过程不够市场专业化。当市场营销本身意识到自己的任务，积极参与到市场和顾客的沟通交流中时，它将成为大数据基本循环中积极的一部分，大大地促进循环。互联网数据流的很大一部分是由企业和顾客的沟通互动产生的，这就意味着企业对于互联网上发生的一切有很大的影响力，企业可以利用这种影响力在活动准备阶段就构筑信息回流方案，使得数据分析在之后能够顺利进行。

9.11 趋势和前景

高度活跃的技术发展使得数据总量将继续提高，同时也会发展出能够以新的方式储存数据内容的终端。在接下来的章节中，我们将进一步了解现在的趋势，并简短地展望一下未来的发展。

9.11.1 自我跟踪和量化自我运动

一个值得一提的趋势就是，现如今互联网的使用者们都或多或少地树立了网络数据的自我保护意识，比较典型的就是可穿戴设备和活动追踪软件中的数据。那些有抱负的运动爱好者使用这些设备或者软件来记录自己的运动结果，测量自己进步了多少。人们还会使用一些分析身体机能数据的设备，比如有些人想要或者必须测量生病时候的体重、脉搏、血压、睡眠质量或者胰岛素水平等，这些数据往往是高度隐私的。通常情况下，人们只会和医生说起这些数据，而不是和老板说，因为他们要根据员工的健康状况来判断他们的工作能力。

要分析这些数据就必须在智能手机上下载 APP 或者佩戴外部设备，最后通过连接线或者无线蓝牙连接智能手机或者电脑。除此之外也有很多制造商正在研究所谓的"可穿戴设备"，这些设备可以不被察觉地戴在手上或者腰带上，在未来设备也有可能融入到衣物里面，这也是一个不可低估的未来趋势。

从医学角度来说这是一个非常振奋人心的趋势，人们可以利用这种可能性更好地认识自己的身体，同时通过可控的生活方式的改变使自己的身体朝着更健康的方向发展。比方说，根据世界健康组织（WHO）的建议，年龄在 18—64 岁的人最低的运动要求时间是每周 150 分钟。（参见：世界健康组织，2011）民众之间设定了差不多的目标：每天走一万步。由于每个人每天去数自己走一万步是不现实的，所以人们就会使用计步器或者对应的智能手机应用，比如比较受欢迎的苹果 APP "Moves"。

这款应用对应了"处处跟踪"这个词，人们只要一打开这个应用，它就会在后台毫无察觉地记录下你每天走的步数，由此就产生了分析利用数据的潜在可能。这款名为"Moves"的 APP，它的功能已经在概念上解决了大数据分析在用户数据总结方面的基本问题，也就是在确定背景下提取比如地点等数据。

就像我们在不同章节提到的那样，从多样化数据源分类出内容意义信息和技术信息是大数据分析的一个巨大挑战。它使得相关跨专业团队必须根据各自研究的专业问题将数据和数据源按照意义重新关联分类，这样才能获得与现实参考基准相关的分析结果。

从上面所举的 APP "Moves"识别停留地点的例子中可以清楚地发现，对于不同的人来说一个相同的地点，技术层面上叫 GPS 坐标，在他们变换的生活关系和不同的时间点中的意义是不同的。一家餐厅对于一个人来说可能是工作的地点，对于另一个人来说可能是他向妻子求婚的地方，这些不同的意义基于专业问题分析的相关性会得到完全不同的结果。也有可能刚才提到的求婚者就是餐馆的厨师，求婚后作为已婚的丈夫在餐馆工作，这一相同的地点对他来说在不同的时间段也有着不同的意义。

所以很容易想象，根据复杂的分析要求对数据内容做意义分类有多难，这些来自不同源头的数据不仅量大，而且同时有多种意义。

在睡眠研究中，人们已经研发出了像"睡眠记录仪"那样的特殊设备，它能根据人睡眠时的活动识别出人睡觉时候的不同阶段，从而比如在使用者进入浅睡眠时把他叫醒，或者提供一些例如缩短入睡时间和提高睡眠质量的建议和技巧。

终端的发展不断前进，苹果公司在 2013 年 iPhone 5S 的发布会上第一次给手机加入了 M7，也就是"运动协作处理器"，它的唯一任务就是记录使用者的运动情况并给主处理器减轻负担，节约能源。与之相对应的数据提取利用也自然而然地成为可能。

那些经由锻炼健身 APP 收集的数据能够通过核心分析而有多种用途，比如通过它的帮助来改善衣服产品。从已有的数据中，人们就能知道人群中衣服大小、人的体重和体格的大致分布区间，产品线就可以按照相对应的数量精确制造。其他行业的开发可能性也逐渐进入人们的视野中，比如出版社 Axel Springer 在 2013 年 10 月购买了 Runtastic 公司 50.1% 的股权成为最大的股东，这是一家在移动端手机储存运动和健身数据的公司（参见：Axel Springer 媒体公开报道，2013）。我们迫切地想知道 Axel Springer 通过大数据未来将向市场提供什么样的可能性。

考虑到数据分析和从数据当中能够得出的信息，所有涉及 GPS 的设备和 APP 都蕴藏着一个巨大的可能性。因为 GPS 坐标都有清楚的参数，随着时间粒度的密集提升（比如用户每天每小时停留的地点），对用户特征的精确认知度也会提高。

所以许多数据一经收集就会投入使用当中，速度快到用户可能还没察觉。有一家企业叫 Withings，它生产各种 iPhone 配件，比如 Wi-Fi 测量器、血压测量器和活动追踪器等。它致力于将其设备收集的数据同时与一百家其他供应商分享交换（参见：Withings，2013）。

在用户被鼓动参与互联网服务并开放使用自己的个人数据之后，所用企业的基本规则在本质上是一样的：作为开放使用数据的回报，使用者的设备会收到一个对他日常生活某一方面有益的功能。这可以是单纯的数据储存，也可以是基于整体数据的自动分析，并把对生活某些方面的建议和改善反馈给使用者，比如一个马拉松的优化训练计划或完善的健康睡眠习惯养成计划。

用户自愿为这些跟踪自己的设备和硬件花很多钱，而这些设备成为企业收集数据的途径。企业通过资金的投入为提取利用数据创造可能，同时也为未来更受欢迎的产品创新打下基础（这里再一次展现了大数据背景下顾客和企业的交互影响）。

这样的进步也有完全出人意料的后果，所谓的"生物黑客"早已抢先了一步。对他们来说，只是追踪一个 APP 或外部设备的数据是不够的。像蒂姆·坎能直接在自己的身体里植入对应的设备，他在自己的前臂直接植入了一个设备来持续测量自己的体温并显示出来（参见：马丁·盖博迈尔，2013）。在这里可以看见混合人类的原型，就像克劳斯尼彻在他的书《意外事件的结局》中写到的那样（参见：克劳斯尼彻，2013）。

9.11.2 技术展望

就像之前"生物黑客"那个例子所展示的那样，对于科技未来的发展想象可以说是没有界限的。现在已经有像蓝牙 4.0 和无线射频识别等技术，实现了在生活的各种情景下以最小的流量投入获得更多的数据。现如今的蓝牙 4.0 技术已经赋予了设备一个高效低能耗的特质，理论上使得设备能够在配备很小的电池情况下进行一整年的无线传输。在未来，这些传感器可能不再需要配备电池，而是像自动手表一样通过动力学获得能量或者无线充电，这只是时间问题。终端设备将会越来越移动化，从而实现区域性数据的采集。

我们已可以预见另一种未来发展趋势。Google 研发的 Google 眼镜是一款第一个运用数据镜片的眼镜，它通过内置摄像头使得使用者能够把他看到的东西、看到的世界拍下来，同时能够进行搜索。只要通过简单的命令就能用语言开启对眼镜的控制，人们还在眼镜上使用者眼球的位置设置了摄像头，这样使用者眼球的活动也会被加入分析。

与这个设备功能相似的是，Samsung 已经在它最新推出的智能手机中加入在使用者使用手机时监测其眼球活动的功能。它实际上监测的是人的瞳孔活动，是眼球成像和调整焦距的窗口，这个"智能停留"功能通过手机前侧装置的摄像头运行（参见：Samsung，2013 年报告）。在视频通话中，摄像头一直是对着用户的，只要使用者与显示器有视线接触，那摄像头就会根据内置的眼球监测功能识别眼球的活动，这样就能自动调节屏幕的亮度。使用者在阅读手机文本等，屏幕就不会自动变暗。

这样的数据不仅在注意力较集中的区域中被研究，在吸引注意力的广告经济中也能实现分析利用，比如广告推广通过"识别支付"功能的引入。这项技术使得广告不再根据单纯的搜索或者点击收费，而是依据用户看广告的时间。支付的级别模式按照用户注视的时间长短逐层递进，也能对用户有更深的认知。

不断变小的纳米级设备使得人们能够获取个人身体机能运作

和行为习惯的详细数据，这种设备的支持人从中看到了不容忽视的改善人类日常生活的机会。这些数据被人们投入"扩增实境"中去（参见：维基百科，扩增实境，2013），使得使用者从眼镜当中自动看到物体数据，比如能够在游览城市时看到历史信息、在购物时看到食品的营养价值等。

未来不仅仅只有智能眼镜。传统的设备通过科技进步的互联网数字化融合成为全新的产品分类，同时具备传输数据的能力。举个电视的例子，现在数据流服务传播得非常快，互联网作为媒体流发出的渠道，当用户购买电影节目时，可以持续把有价值的消费者行为数据传输回公司，这比原来传统的数值百分比调查更加准确，它的优势显而易见（参见：海茵，2013）。

现在的用户不再在传统的电视上观看电影和电视剧，而是通过互联网服务商，比如"Watchever"或者美国流量巨头"Netflix"观看。后者在美国的订阅量已经比现如今老牌的电视台佼佼者HBO还要多（参见：巴赫曼·J，2013）。

在这样的背景下，智能手机成为获得用户行为数据的工具。比如说迪斯尼走了一条"新"路，集团在电影放映时并不禁止原本不允许使用的智能手机和平板电脑，而是将电影剪裁至适合它们的清晰度。在以"迪斯尼第二屏幕体验"为名的电影项目中，公司将电影周边的文字和小游戏通过APP放到手机和平板电脑上，供人下载使用（参见：司博玲，2013）。

智能手机监测眼球的例子清楚地显示了现在科技的发展已经完全掌握了这一领域。苹果公司在2013年11月收购了以色列服务商Primesense，后者在之前为微软开发了Xbox 360的前置摄像头 Kinect 的传感器（参见：路透社，2013），这些设备在未来也非常有可能被设计得越来越小，以植入到手机当中。

设计者的创造力首先决定了不断更新的产品特色，而我们作为消费者、职员或者市民等不同社会角色决定了我们能够把那些技术更好地融入生活中。我们还需要耐心等待，看看科技进步能把我们带到什么样的天地。

第九章总结

◆ 互联网和社交网络是现如今企业市场营销战略中不可忽视的重要媒介。

◆ 组成部分，它的目的是更深地渗透到顾客和市场中，创造新的消费途径。

◆ 由于互联网带有广泛的"数字化乐观主义"及"对周围事漠不关心的享乐主义"大环境，市场营销专家认为这是一个非常好的传播信息的平台。

◆ 互联网服务的使用者在各种平台上扮演着自己数据的生产者角色，从技术角度来说就是创造数据库中数据的前端。

◆ 许多大型企业是前端所属的后端拥有者（也就是拥有自己的数据库）。他们通过收集到的数据建立了商业模式。

◆ 互联网上存在着各种各样的不真实信息。为了使数据分析具有说服力，人们必须质疑这一媒介上数据的质量，数据必须通过各企业的方法确保其质量。

◆ 企业通过互联网市场营销主动地利用社交文化环境和社交网络的病毒效应，这些行为大大激发了大数据的基本循环。

◆ 公众不断公开个人信息的意愿为将来科技的进一步发展提供了多样的、广泛的数据源和全新的信息。

第十章　大数据——祸兮？福兮？

本章内容：

◆　大数据和直觉的终结

◆　大数据、专家和黑天鹅

大数据对于我们来说到底是福还是祸，答案一定是各种各样的。就如我们在引言中写的那样，答案要分为三个区块：科学（最宽泛的概念，比如包括制药）、企业、全社会。

关于科学我们也许可以说，科学家们可以通过大型实验获得越来越多的数据，由此他们也得到了赢得情报的新机会。如我们在第八章中提到的，在做一个完全理性的数学统计方面的校准时，我们一定要仔细考虑清楚，在如此大量的数据面前，我们要用哪种方法才能最终获得信息和知识？科学每次涉及的话题领域都是分隔的，所以这是一个非常好的机会，可以利用大数据来实现增值。

而从企业和全社会的角度来看则展现出了一幅完全不同的景象，它们以五花八门的方式相互交织在一起，并且经常产生直接的相互影响。在这种状况下，如何能在数据中找出模型？如何能够由此生成真正重要的信息？这些问题都是非常复杂的，对于这些问题，我们想在下面进行补充说明。

10.1 大数据和直觉的终结

当人们在评论关于大量动态数据分析的最新进展时，通常会以"直觉的终结"或者"偶然的终结"这样的标题（参见：Klausnitzer,2013）来作为主题。

倘若人们实际所期望的是直觉和偶然的终结，那我们认为这种期望是不现实的。从企业这个领域来看，对于比较简单易懂的商业智能，这种期望已经是错误的。鉴于大数据极高的复杂程度，这种期望也不会被认为是反映了全球社会的变革。

这个世界是不可预测的，速度更快、连接更顺畅的 IT 系统当然能够使得愈加复杂的算法在越来越大的数据库中得以运用，并且也能对具体问题的解决有所帮助。但是对于相对简单的提问来说，问题的重点早就不在技术上了。为什么在许多情况下，这些回答不能通过 IT 系统自动给出？其原因不在于技术层面，而在于组织、程序和文化层面上，还包含了人际关系冲突和政治矛盾这种更深远的层面。关于这方面，我们会在"人类因素"中探讨。

对于一个真正存在的问题，其分析结果会因为增长的数据量、提高的结构复杂性、技术和逻辑上的清晰性而变得愈加具有解释性。

"阐释"（interpretatio，解释、翻译、说明）的意义为：关于一种想法或者一种社会情况，主观认为是易懂的解释。毋庸置疑，这种表达允许在解释数据和分析结果时可以有一定的不清晰性，并且这种数据和分析结果的解释是必不可少的。因为计算的结果本身并不能表明它被理解了，获得认识才是所有分析的真正目的。对于数据分析的理解不如说是对于算法所得来的中间结果的解释。

另外，在许多情况下，理解完全不是靠理性的过程得来的，而是由直觉获得的，即"没有经过分析推理，认识实情、看法、规律性或者主观上统一判断的能力"。（参见：维基百科,Intuition,2013）

如今大数据分析展示出了其潜力，这种获得认识的方式不能被忽视，在理性决定机制的情况下，这种方式不能被遗弃。鉴于在大数据分析的情势下不断出现的对于解释的必要性，人们甚至应该给直观感觉和创造性赋予更高的价值。因为和大数据打交道时，许多地方都需要新的行为模式。正是那些作为企业内部的智囊团，那些在大数据分析上受人尊敬的数据科学家和跨学科的团队在面对创新时，很大程度上要依赖于直觉和想象。

这种归于"商业智能"领域下付诸实施的经验，告诉人们必须在理性和直觉获得认识的对立面再前进一步。那些对于世界的可预测性的无悔信奉，正是商业智能的问题不能被实际地且永久地解决的原因之一。人们没有接受真实存在的问题，也没有为实质的核心问题寻找实际、持久的解决办法，而是相信技术，一直处在一个无法获得所期望的结果的恶性循环中。

在这种情况下，大数据就需要一次全面的思想转换，因为这些多重结构并且内容复杂的大量数据在很大程度上是缺乏解释的，而涉及企业和社会决策的数据分析应该切合实际。有足够的例子可以证明，每一个问题的答案都会自动牵扯出许多新的问题，而且可靠的分析结果并不是所有认识的终结。通过一个新的认识而对物质进行更加深远的探索，并且自己可以更加清楚地认识到知识的终点还远远未达到，这一点对于科学家们来说是非常常见的。

众所周知，这种认识早就引起了古希腊哲学家的思考："我知道一件事，那就是我什么也不知道。"人们也希望，如今那些假设 IT 系统和数据分析会完全取代直觉和健全的人类理解的评论员，能够意识到人类思想的不可预见性。

10.2 大数据、专家和黑天鹅

由近几十年的数据分析经验作为基础，并且基于那些由现实产生的提问以及由其结果所展现的质量和重要性可以发现，由相同的数据材料可以得出完全不同的行动方法和算法，这些不同的方法也会导致对于现实完全不同的阐释。

根据不同的使用场合，当人们使用完全相同的运算步骤，想要再一次得到之前已经得到的结论时，常常是不太可能的。这种需要巨大数据支撑的使用场合，其复杂的情况会用所谓的非线性动力系统来描述，因为它遵循了确定性的混乱度准则（参见：章节 8.1.4）。

哪种分析结果能够最好地展现出事实呢？

数据给不了我们这个问题的答案，同样也不能告诉我们从分析结果中可以得出哪些行为建议。这种情况人们会在企业工作中遇到，也会在科学领域或者在公开场合遇到。他们通常会采用真正的在数据分析下产生的措施和方法去应对，众所周知，这种方法不会一直灵验。

在"大数据"这个话题下，以及在与这个话题相关的、对于文明进步的期待下，这方面重新得到了全社会的重视。大数据应用领域需要一种思维转换，如果缺少这种思维技术的潜能就不能提高。对于这些话题的公开讨论，我们必须注意到一个现象，这个现象每个人都会在生活的许多方面发现：十个专家会有十一种想法。

在大数据复杂的框架条件下，想要利用一个通过技术推动的、自动化的并且由算法控制的决策来解决现实的问题是不切实际的。有一种论调：似乎在不远的未来，人类的创造力和直觉在企业决策以及一些更深远的层面——社会决策中已经起不到什么实质性的作用了。这种论调应该被强烈地反驳。真正的情况则是这种论调的对立面，这个观点是我们首先通过公式化形式来观察由数据支持的企业决策过程然后提出来的。

在这个过程的一开始，我们就面临着一个实在的问题：我们想要以何种手段了解什么？这是一个内容被划分得很好的主题，研究过这个内容的人在这个领域被视为专家。如果有谁曾经向业内的参与者提过上述问题，就算只有 10 个人，他也会知道现在人们对于这个问题已经产生了许多完全不同的想法，并且原则上每个参与者的想法都是从自己的角度出发的。

就算人们对于这个问题的描述达成高度一致，人们还会面临第二个问题：哪些专业的、思维上的行动方式是最适合解决这个问题的？我们必须认真看待甚至一起讨论这个问题，因为只有当通往目标的道路清晰了，业内的人才不会再聚在一起产生争执。

让我们从一个更深远的角度出发，当这些专家对于这一问题的意见也达成一致时，那重点就落在解决办法的实施上了，于是又产生了第三个问题：哪些数据在我们解决问题时是有用的？

谈及大数据时，我们讲到这些数据不仅数量巨大，而且在意义内容上也各不相同。有了这些数据，信息的意义甚至能够通过不同的时间或者专业的材料进行改变。所以说，这个问题解决起来一点儿也不简单。于是出现了试错法，即人们采取一种反复的行为方式进行试验，直到最终结果确定下来。

现在，我们的团队达成了一致，认为应该分析数据。鉴于其简洁性，这些数据的质量还是非常不错的，至少从理论上来说，这些数据使得真正的问题得到了分析，然而实际上这还需要去证实。

紧接而来的问题在当下非常引人注意：哪一种算法，即哪一种可自动化的一系列确定的处理步骤会被运用到数据上？事先达成一致并确定了的想法要如何转换成程序代码呢？鉴于内容上的疑问，这种程序代码还要能够真正分析确定的数据设置，并且还要能够在最安全的环境下提供技术上的分析结果。

我们继续深入，如果算法的思路是正确的，并且程序员们在将想法转换为程序代码时也没有发生错误，从这个角度来看，计算机的分析是可行的，并且团队可以获得第一份辛勤劳动的成果。

也许每个曾经分析过数据及在团队里讨论过结果的人都知道，当第一位观察者确定结果正符合自己的想象并且是正确的时，第二位参与者却可能看到一个完全不同的结果，在他看来，这个结果和原始的提问没有丝毫的关联。于是，这个团队开始阐释分析结果并且处于一个重复的过程中，就是将自己的行为方式进行长远优化，直到所有参与者都认同这是一个令人满意的结果为止。但是当这个重复的过程结束时，又会产生这样一个问题：究竟什么样的结果才能令人满意？一般而言，人们会有两种评判标准：

1. 只要当分析结果与参与者的期望相符便可（与所研究的实际情况没有什么关系）。

2. 这个结果真的正确地描述了实际情况吗？

当决定性的标准与现实情况挂钩时，分析结果就必须在与现实情况挂钩的情况下进行重新验证。分析必须包含错误率，并且说明分析结果会导致哪些可能性，哪怕这种可能性分析是错误的。总而言之，这就是一个不普通的并且有许多不确定因素的过程，这些不确定因素会破坏并阻止我们获得有效的分析结果。

让我们再往前走一步，一位决策者，比如说一家企业的经理在做重要决定时会与大家商讨，并且永远不会只听取一种想法和分析。他会向不同的专家团队提出一个问题，并且要求他们制定出行动建议。当然，这些团队必须各自独立工作，从而不影响其他团队（这一点请参见 2.5 章节中：群体智能的执行）。

所有团队在分析结束后会再举行一次商讨，每一个专家团队的发言人汇报其结果。一般情况下，企业就算到了这一步还是会面临一个问题——就如之前在专家团队里分析时一样，会产生完全不同的结果与想法。但每一位发言人在报告中还是会提到团队将工作完成得很好，并且他们的结果是有效的，每一位发言人都能根据其团队的出发点和行动方式，来证明其结果的合理性。

在这种想法多元复杂的情况下，决策者不可能领悟每一个专家的想法，那么他要怎样应对专家所给出的选择？我们认为，首先他应该在内心有个大概，然后在个人经验和所有汇报上来的想法的基础上整理出一个思路，在不计较风险的情况下最终做出一个决定。这个过程完全是靠直觉的。

这种演示虽然稍微有点公式化，但其真正的核心是对数据分析结果进行决策。并且它指明，对于企业及在公开部门的决策者来说，仅仅在理性的、技术的并且由算法所得出的信息的基础上推导出具体的操作措施是远远不够的。鉴于上文所概述的数据分析过程中可能发生的摩擦损耗及不精确性，人们必须始终为自己保留最终的鉴定权和决定权。这个认知过程并不仅仅包括一个方面——理性，还包含了另外一个更加深远且有价值的层面——直觉。

这种由人们做最终评定的基本准则只有在一些情况下才会失效，在这些情况中，人们所提出的难题的复杂程度会下降，从而最终呈现出一组清晰的决定参量，并且在技术分析系统中建立实际的投影，即一种质量极高的现实模型。人们通常会将这种方法应用在股市的高频交易中，因为买入卖出的决定完全依靠于以逻辑为基础而得出的分析结果。尽管如此，在关键情况下还是需要人们来做决定，也就是由人们来担任决策的最终审判者。

更重要的一点是，世界的复杂性在这种情况下并没有丝毫减少。在我们这个全球化的、相互连接的世界中，所有的一切都有关系，由此才产生了大数据现象，所以在这里几乎还没有什么话题能够造成这种需求的缩减。假如今天在中国发生了一件无关紧要的事情，但是这件事很有可能会对所有生活在欧洲的我们产生影响，这种直接影响在几年前还是不可想象的。因此，人们对于世界复杂性的认识并不是什么新鲜事，并且这一点早就被广泛传播了。

另外，人们希望通过复杂程度的减轻将大量的对于数据分析的可行性变得易于操控，而对于想只通过技术上的分析就提高数据的潜力这种要求，出现了一种内部的矛盾。因为这种数据潜力的基础纯粹建立在它的量和假设上，其代表的是完全的实际。

但是，如今当需要研究的数据量被减少时，人们也会同时放弃这些与实际密切相关的要求。因为研究的数据量的减少也是建立在一种假设上的，即一定部分的数据对于具体的分析是没有必要的。这种假设可能也是错误的，并且从一开始就将可能的结果毫不留情地排除在外。

于是，有一种反驳的观点出现了，为了能够降低复杂性从而减少要研究的数据量，这样就能完成整个分析。人们想要在这些数据模式中认识到中心思想的出发点和所有分析的目的，而这一点人们在分析之前是完全不会了解的。通过减少研究的数据量，其分析结果的质量会下降到何种程度，这一点应该保持透明化。

作为这种情况的最终结果，人们必须认清，为了数据分析的可实践性而将已给出的复杂程度减少的这种想法，其实正是对于这种复杂性的投降，而人们刚刚宣称要在大数据时代完全掌握这种复杂程度。

然而有一点还是明确的，就是数据库的每一次缩水都会导致分析结果的不清晰，基于分析结果而做出的决定会有各种各样完全不同的结果。因此，人们有理由在高度自动化的过程中，如上文所提到的高频交易中为自己留一条后路，为的就是在紧急情况下能够拔出电源，及时停止。

在大数据时代中，光是为了保证数据质量，部分抽样调查的工作就很有必要。一个至少有区分作用的抽样调查有益于达成全体的共识——即使也会产生一些模糊。这种具有代表性的抽样调查可以使全体化终结，然而，过程如章节 8.2.1 中描述的那般复杂。

在全球数字化的趋势下，越来越多方面的复杂性刚刚被人了解并且以数据的方式被储存起来，所以才产生了大数据。或者用另外一种表达方式来说，就是全球数字化正在高速运转并且在不久的将来会更加深入地渗透到人们生活的所有领域。那些数据的可支配性、合理分析的能力和自动化决策的潜力都还需要去证实。然而，由于近十年中那些以技术为导向的分析方法都非常容易出错，因而人们对其也显示出了极大怀疑。

在上文所描述的决策的机械性过程中，数据的基本性弱点、降低复杂性及基础性的思维模式，表现的都是将信息转化为知识时的思想标准，这三点都会影响到数据的分析。这种思维模式仅仅呈正态分布（又名"高斯分布"），并且始终会将罕见的、不可预见的事件发生率不断减小。

杂文家、统计学家、偶然事件研究者及前金融数学家、股市投资者纳西姆·尼古拉斯·塔勒布出版了《黑天鹅》一书。（参见：Taleb,2010）塔勒布在他的书中引用了"黑天鹅"这个比喻，因为直到 17 世纪，欧洲人还认为天鹅只有白色的，并且他们觉得每个认为黑天鹅存在的人都是疯子——直到他们在澳大利亚发现了黑色的天鹅。因此，我们要跳出思维定式的框架，真正地去理解书本的内容和黑天鹅的意义对于分析、预言模式的重要性。以下是一段简短的中心思想：

> 我们通常将事实与和谐的景象连接在一起，将过去当作将来的模板，于是我们为自己创造了一个我们能够适应的世界。但是事实不同，包含着混乱、惊讶和不可预知。真正当一些不可预见的事情发生的时候，那些糟糕的领袖会以他们的预计来错误地估算未来，还有那些风险管理者只会无奈地耸耸肩。于是，那些知道有黑天鹅存在的人就不会再相信专家了。

对于我们所有人来说，"大数据现象"以及以其为基础的"数字化世界"向我们提出了很大的挑战。企业、社会还有所有的独立个体都必须意识到，大数据是福还是祸是由我们自己决定的。

深远的发展不是自然而然就有的，也不是不可避免的，而是人类思想和行为的结果，并且对于我们所有人都会产生影响。

在世界数字化的进程道路上，我们必须设置转辙器，这样才能将大数据的潜力融入企业和社会的计划和决策机制中去。在那里，机会和风险可以得到恰当的权衡。

由于技术的可能性出现了不可预料的、全新的机会，鉴于同时产生的风险，所以一切与真实生活有关的问题一定要由人们来做最后的决定。其实，真正的挑战就产生在我们赋予数据意义的同时。

第十章总结

◆对于一个真正存在的问题，其分析结果会因为增长的数据量、提高的结构复杂性、技术和逻辑上的清晰性而变得愈加具有解释性。

◆大数据需要一次全面的思想转换，因为这些多重结构并且内容复杂的大量数据在很大程度上是缺乏解释的，而涉及企业和社会决策的数据分析应该切合实际。

◆这个世界是不可预测的，速度更快、连接更顺畅的 IT 系统当然能够使得愈加复杂的算法在越来越大的数据库中得以运用，并且也能够对具体问题的解决方面有所帮助。

◆在大数据复杂的框架条件下，想要利用一个通过技术推动的、自动化的并且由算法控制的决策来解决现实问题，是不切实际的。

◆在全球数字化的趋势下，越来越多方面的复杂性刚刚被人了解并且以数据的方式被储存起来，所以才产生了大数据。或者用另外一种表达方式来说，就是全球数字化正在高速运转并且在不久的将来会更加深入地渗透到人们生活的所有领域。

附录 A 参考文献

德国互联网可靠性和安全性机构（2012 年 2 月 28 日）：德国互联网可靠性和安全性机构的互联网可靠性和安全性环境调查。引用自 2013 年 9 月 30 日的网络可靠性和安全性环境调查：https://www.divsi.de/publikationen/studien/divsi–milieu–studie/internet–milieus–zu–vertrauen–und–sicherheit–im–netz/

安德森（Anderson, C.）（2008 年 6 月 23 日）：《理论的终结：数据洪流让科学方法依然过时》。《连线杂志》。

苹果公司（2013 年）：iPhone 5s 特性。引用自 2013 年 11 月 11 日 iPhone 5s 特性：http://www.apple.com/de/iphone–5s/features/

阿克西尔（Axel M. Arnbak），信息权益机构（IVIR），阿姆斯特丹大学（2011 年 10 月 1 日）：《互联网普遍性、正直性和公开性的保护和促进的建议》。引用自 2013 年 9 月 30 日《互联网普遍性、正直性和公开性的保护和促进的建议》：http://merlin.obs.coe.int/iris/2011/10/article5.de.html

阿克塞尔施普林格公司出版社新闻公告（2013 年 10 月 1 日）：《阿克塞尔施普林格公司收购了 Runtastic 的大部分股份》。引用自 2013 年 10 月 6 日《阿克塞尔施普林格公司收购了 Runtastic 的大部分股份》：http://www.axelspringer.de/presse/Axel–Springer–AG–uebernimmt–Mehrheit–an–Runtastic_19467042.html

阿泽维多（Azevedo, A.）等（2008 年）：IADIS 欧洲数据挖掘会议。《KDD,SEMMA 和 CRISP–DM：一个平行的视角》，（第 182–185 页）。

巴赫曼（Bachman, J.）（2013 年 10 月 21 日）：《彭博商业周刊》。引用自 2013 年 11 月 27 日 Netflix Passes HBO in Subscribers!(If You Stop Counting at the Border):http://www.businessweek.com/articles/2013–10–21/netflix–passes–hbo–in–subscribersas–long–as–you–stop–counting–at–the–border

巴赫曼（Bachmann, R.），肯珀（Kemper, G.）（2011 年第二版）：《逃离商业智能陷阱》。海德堡：Hüthig 出版社。

比约·布劳卿（Bloching, B.），拉斯·拉克（Luck, L.），托马斯·拉姆什（Ramge, T.）（2012 年）：《数据使用者》。慕尼黑：Redline 出版社。

本·布卢姆（Blume, B.）（2013 年 2 月 21 日）：《终结》。引用自 2013 年 10 月 23 日终结：https://www.focus.de/finanzen/news/staatsverschuldung/tid-29633/das-ende-griechenland-wargestern-kommentar_4987806.html

布拉班斯基（Brabanski, C.）（2013 年 10 月 17 日）：《社交媒体沟通——使你们变得轻浮！》。引用自 2013 年 11 月 12 日《社交媒体沟通——使你们变得轻浮！》：http://www.capinio.de/richtige-social-media-kommunikation/

布莱特伍特（Breithut, J.），丽丝纱卡（Lischka, K.）（2013 年 8 月 30 日）：《新规则：Facebook 允许广告带有用户姓名》。引用自 2013 年 10 月 1 日《新规则：Facebook 允许广告带有用户姓名》：http://www.spiegel.de/netzwelt/web/neue-datenschutzbestimmungen-bei-facebook-a-919520.html

布雷斯纳（Brezina, R.）（2013 年 3 月 24 日）：比约·布劳卿（Björn Bloching）教授的采访：关于市场营销直观性的终结（I/II）。引用自 2013 年 3 月 7 日比约·布劳卿（Björn Bloching）教授的采访：关于市场营销直观性的终结（I/II）：http://blogs.sas.com/content/sasdach/2013/05/24/professor-bjorn-bloching-im-interviewuber-das-ende-der-intuition-iii/

布雷斯纳（Brezina, R.）（2013 年 3 月 29 日）：比约·布劳卿（Björn Bloching）教授的采访：关于市场营销直观性的终结（II/II）。引用自 2013 年 3 月 7 日比约·布劳卿（Björn Bloching）教授的采访：关于市场营销直观性的终结（II/II）：http://blogs.sas.com/content/sasdach/2013/05/29/professor-bjorn-bloching-im-interview-uber-das-ende-der-intuition-im-marketing-iiii/

联邦数字经济协会（BVDW）E.V.（2013 年 2 月 27 日）德国数字经济协会：在线广告市场在 2012 年突破了 600 亿欧元大关。引用自 2013 年 11 月 6 日德国数字经济协会：在线广告市场在 2012 年突破了 600 亿欧元大关：http://www.bvdw.org/presse/news/article/bvdw-online-werbemarkt-durchbricht-6-milliarden-euro-grenze-in-2012.html

开普利欧（Campillo-Lundbeck, S.）（2013 年 3 月 14 日）：《大数据：用户什么时候准备好和公司分享个人数据》。引用自 2013 年 6 月 20 日《大数据：用户什么时候准备好和公司分享个人数据》：http://www.horizont.net/aktuell/digital/pages/protected/Big-Data-Wann-User-bereitssind-persoenliche-Daten-mit-Unternehmen-zuteilen_113475.html

克里斯提安（Christian Stöcker），明镜在线（2013 年 6 月 21 日）：《数据故障：Facebook 泄露了百万电话号码》。引用自 2013 年 6 月 25 日《数据故障：Facebook 泄露了百万电话号码》：http://www.spiegel.de/netzwelt/web/datenpanne-facebook-verraet-millionen-telefonnummern-a-907242.html

康斯缇娜（Constine, J.）（2013 年 8 月 13 日）：当 Facebook 开始分享国家的用户数目时，它显示 78% 的美国用户是手机用户。引用自 2013 年 11 月 2 日当 Facebook 开始分享国家的用户数目时，它显示 78% 的美国用户是手机用户：http://techcrunch.com/2013/08/13/facebook-mobile-user-count/

康斯缇娜（Constine, J.）（2013 年 7 月 24 日）：techcrunch.com。引用自 2013 年 11 月 6 日 techcrunch.com：http://techcrunch.com/2013/07/24/facebook-growth-2/

克朗巴哈（Cronbach, L. J.）（1957 年）：《科学心理学的两个学科》。《美国心理学家》。

霍尔格·丹贝克（Dambeck, H.）（2011 年 3 月 17 日）：《群体智能：我们都很愚昧》。引用自 2013 年 7 月 29 日《群体智能：我们都很愚昧》：http://www.spiegel.de/wissenschaft/mensch/schwarmintelligenz-gemeinsam-sind-wirduemmer-a-762837.html

托马斯·达文波特（Thomas H. Davenport），帕蒂尔（D.J. Patil）（2012 年
10 月 30 日）：《数据科学家：21 世纪最性感的工作》。引用自 2013 年 6 月 1 日
《数据科学家：21 世纪最性感的工作》：http://hbr.org/2012/10/data-scientist-the-
sexiest-job-of-the-21st-century/

德克森（Derksen, O.），格伦德（Grund, R.），赫尔德·冯·施密特（Herde
von Schmidt, G.）（2013 年）：《大数据——系统和检验》。柏林：Schmidt（Erich）。

德国展会（2013 年 3 月 1 日）：汉诺威消费电子、信息及通信博览会 2013 年
主题——共享经济涵盖数字生活的方方面面。引用自 2013 年 9 月 30 日汉诺威消
费电子、信息及通信博览会 2013 主题——共享经济涵盖数字生活的方方面面：
http://www.cebit.de/en/about-the-trade-show/newstrends/review-cebit-2013/keynote-
themesharconomy?source=redirect1891834

德国联邦议会（2012 年 6 月 26 日）：印刷物 17/10092。引用自 2013 年 11 月 2 日
印刷物 17/10092：http://dip21.bundestag.de/dip21/btd/17/100/1710092.pdf

德国联邦议会（2013 年 5 月 4 日）：德国联邦议会"互联网和数字社会"研
究委员会的最终报告。引用自 2013 年 10 月 20 日德国联邦议会"互联网和数字社会"
研究委员会的最终报告：http://dipbt.bundestag.de/dip21/btd/17/125/1712550.pdf

德国互联网可靠性安全性机构（DIVSI）：（2012 年 2 月 28 日）：德国互联
网可靠性安全性机构的互联网可靠性和安全性环境调查。引用自 2013 年 11 月 1 日
的网络可靠性和安全性环境调查：https://www.divsi.de/wp-content/uploads/2013/07/
DIVSIMilieu-Studie_Gesamtfassung.pdf

联邦政府（2013 年 10 月 15 日）：EEG- 税款：改革势在必行。引用自 2013 年
10 月 31 日 EEG- 税款：改革势在必行：http://www.bundesregierung.de/Content/DE/
Artikel/2013/10/2013-10-15-eeg-umlage-2014.html

新闻报（2013 年 5 月 10 日）：《路面坑洼和肇事者：大数据如何影响城市》。

引用自 2013 年 10 月 31 日《路面坑洼和肇事者：大数据如何影响城市》：http://diepresse.com/home/import/thema/1400229/Schlagloecher-und-Delinquenten_Wie-Big-Data-die-Staedteerfasst?direct=1400234&_vl_backlink=/home/import/thema/1400234/index.do&selChannel=&from=articlemore

新闻报（2010 年 5 月 17 日）：《华尔街：一个交易人引起的股灾》。引用自 2013 年 10 月 23 日《华尔街：一个交易人引起的股灾》：http://diepresse.com/home/wirtschaft/boerse/565747/Wall-Street_Boersencrash-wegen-eines-Haendlers

时代周报在线（2013 年 6 月 12 日）：《Google 收购了交通应用——Waze》。引用自 2013 年 11 月 13 日《Google 购买交通应用——Waze》：http://www.zeit.de/digital/internet/2013-06/google-waze-uebernahme

杜本（Hans-Hermann Dubben，Hans-Peter Beck-Bornholdt，2006 年）：《会骗人的数字——统计学的迷思》。Erkennen von Fehlinformation durch Querdenken. Reinbek bei Hamburg: Rowohlt 袖珍书出版社。

enprimus.de.（2008）：《家庭消耗的不确定性》。引用自 2013 年 11 月 18 日《家庭消耗的不确定性》：http://www.enprimus.de/210.html

厄琳（Erin Egan）（2013 年 8 月 29 日）：《建议更新我们的文档来规范 Facebook 的使用》。引用自《2013 年 11 月 1 日建议更新我们的文档来规范 Facebook 的使用》：https://www.facebook.com/notes/facebook-site-governance/vorgeschlagene-aktualisierung-unserer-dokumente-zur-regelung-der-nutzung-von-fac/10153196120395301

Ernst and Young - Pressemitteilungen（2013 年 9 月 30 日）：《机器人汽车正在路上：三分之二的驾驶员欢迎自动交通工具》。引用自 2013 年 9 月 30 日《机器人汽车正在路上：三分之二的驾驶员欢迎自动交通工具》：http://www.ey.com/DE/de/Newsroom/News-releases/20130903-Unterwegs-im-Roboterauto

Facebook(2013 年)：Facebook 开发者。引用自 2013 年 11 月 6 日 Facebook 开发者：http://developers.facebook.com/docs/reference/fql/

法亚德（Fayyad, U.），& 比亚特尔特斯基 - 尚皮罗（Piatetsky-Shapiro），G. u.（1996 年）：《从数据挖掘到数据库知识发现》《人工智能杂志》（AI Magazine），美国人工智能协会，第 37-54 页。

费舍尔（Fisher, L.），纽鲍尔（Neubauer, J.）（2010 年）：《群体智能：简单的规则如何变得尽可能大》。法兰克福：Eichborn。

forsa.（2013 年 8 月 23 日）：《Adobe 市场营销形象的研究》。引用自 2013 年 11 月 2 日 Absatzwirtschaft.de：http://www.absatzwirtschaft.de/pdf/Studie_Adobe_Image_des_Marketings.pdf

弗朗霍夫研究所（2013 年 11 月 18 日）：《数据科学家的培训服务》。引用自 2013 年 11 月 18 日数据科学家的培训服务：http://www.iais.fraunhofer.de/data-scientist.html

尤根·弗里希（Frisch, J.）（2013 年 6 月和 7 月）：《预测性数据分析给予了商业新的动力》，ireport，第 10-15 页。

甘索尔（Gansor, T.），托图卡（Totok, A.），斯托克（Stock, S.）（2010 年）：《从战略到商业智能能力中心：构思—推动—实践》。慕尼黑：Carl Hanser 出版社。

Gartner, Inc.（2013 年 7 月 3 日）. Gartner IT Glossary——大数据。引用自 2013 年 7 月 3 日 von Gartner IT Glossary——大数据：http://www.gartner.com/it-glossary/big-data/

Twitter Google 地图（2013 年 11 月 13 日）：Get home faster w/@waze incidents。引用自 2013 年 11 月 13 日 Get home faster w/@waze incidents: https://twitter.com/googlemaps/status/399942508399976448/photo/1

加布梅尔（Grabmair, M.）（2013 年 11 月 6 日）：《生物黑客被植入了传感器》。引用自 2013 年 11 月 6 日《生物黑客被植入了传感器》：http://www.tech.de/

news/bio-hacker-laesst-sich-sensorimplantieren-10010813.html

GW-Trends 在线（2013 年 11 月 13 日）：《引入第一个通信关税》。引用自 2013 年 11 月 19 日《引入第一个通信关税》：http://www.gw-trends.de/kfz-versicherung-erstertelematiktarif-eingefuehrt-1304784.html

哈耐（Hahne, M.）（2010 年第 1 版）：Rezension BI-Falle‐BI-Spektrum. BI Spektrum, 2.

乔纳森（Jonathan, W. B.）（2013 年 3 月 13 日）：Super-charge your Withings experience with +100 partner apps and IFTTT。引用自 2013 年 9 月 20 日 Super-charge your Withings experience with +100 partner apps and IFTTT: http://blog.withings.com/en/2013/05/30/supercharge-your-withings-experience-with-100-partner-appsand-ifttt/

海德格尔（1982 年）：《技术的问题》。普富林根：GRIN 出版有限责任公司。

海茵（Hein, D.）（2013 年 11 月 21 日）：《智能电视：LG 电视机记录了不易察觉的用户数据》。引用自 2013 年 11 月 27 日《智能电视：LG 电视机记录了不易察觉的用户数据》：来源：http://www.horizont.net/aktuell/medien/pages/protected/Smart-TV-Fernseher-von-LG-zeichnen-unbemerkt-Nutzerdaten-auf_117914.html

埃伯哈德·汉斯（Heins, E.）（2013 年 5 月 1 日）：大数据增值尚未被开发。ireport，第 9 页。

Heise.de.（2013 年 6 月 14 日）：《调查：在线广告使大部分消费者厌烦》。引用自 2013 年 11 月 2 日《调查：在线广告使大部分消费者厌烦》：http://www.heise.de/newsticker/meldung/Studie-Online-Werbung-nervt-diemeisten-Verbraucher-1888517.html

霍夫迈斯特（Hoffmeister, C.）（2013 年）：《正确估计数字商业模式》。慕尼黑：Carl Hanser 出版有限责任公司。

圣加仑大学市场营销机构（30. Januar 2013 年 1 月 30 日）：《返回社交媒

体的追寻》。引用自 2013 年 11 月 1 日《返回社交媒体的追寻》：http://www.
socialmedia2013.de/res/pdf/AufderSuchenachdemReturnonSocialMedia_Final.pdf

卡拉巴兹（Karabasz, I.）（2013 年 8 月 14 日）：《不速之客》。《商业报刊》，
第 19 页。

肯珀（Kemper, G.）（2007 年）：《诈骗管理》。载于 K. Wurzer, 实践手册，
国际知识保护。柏林：Bundesanzeiger 出版社。

肯珀（Kemper, G.）（2000 年）：Dynamische Formänderung in 136 Nd und magnetische
Rotation in 196 Pb. 博士论文，科隆大学。

克劳斯尼彻（Klausnitzer, R.）（2013 年）：《偶然的终结：大数据如何使得
我们的生活变得可以预见》。萨尔茨堡：Ecowin 出版社。

克努维（Knüwer, T.）（2012 年 2 月 28 日）：《轻率的名誉事件》。引用自
2013 年 9 月 16 日《轻率的名誉事件》：http://www.indiskretionehrensache.de/2012/02/
divisisinus-milieus/

米夏埃尔·科赫（Koch, M.），亚历山大·里希特（Richter, A.）（2009 年）：《企
业 2.0：计划、引导以及社交软件在企业中成功投入使用》。慕尼黑：Oldenbourg
知识出版社。

科普托夫（Kopytoff, V.）（2013 年 11 月 12 日）：《商店利用智能手机追踪
消费者》。引用自 2013 年 11 月 27 日商店利用智能手机追踪消费者：http://www.
technologyreview.com/news/520811/stores-sniff-out-smartphones-tofollow-shoppers/

毕马威（2006 年）：《2006 年德国经济犯罪调查》

克吕格（Krüger, K.）（2013 年 6 月 28 日）：《Erdogan 欲逮捕他的敌人》。
引用自 2013 年 11 月 6 日法兰克福汇报：http://www.faz.net/aktuell/feuilleton/medien/
dertuerkische-staat-greift-nach-dem-netz-erdogan-willseine-gegner-dingfest-

machen-12263104.html

康斯坦茨·库尔茨（Kurn, C.），弗兰克·利格（Rieger, F.）（2013年）.《不用工作——一次对代替我们的机器的探索》。慕尼黑：Riemann出版社。

北莱茵威斯特法伦州媒体机构（2009年）:《和社交网页一同成长——网页2.0产品在青少年日常中扮演的角色》。2013年11月1日《和社交网页一同成长——网页2.0产品在青少年日常中扮演的角色》: http://www.lfm-nrw.de/fileadmin/lfm-nrw/Forschung/LfM-Band-62.pdf

卢克（Lucke, P. D.）（2008年11月13日）:《数据和文档的电子保险箱》。引用自2013年9月27日《数据和文档的电子保险箱》: http://www.fokus.fraunhofer.de/de/elan/projekte/national/fg_hochleistungsportale/elektronischer_safe/index.html

marketingfish.de.（2013年8月12日）. 德国女顾客的消费行为。引用自2013年11月6日 marketingfish.de:http://www.marketingfish.de/kompakt/verkaufen/das-kaufverhalten-der-deutschen-konsumentin-6795/

梅伊（May, J.）（2011年）:《企业中的群体智能：网络智能是如何促进创新和不断改革的》。获取：阳狮集团出版社（Publicis Publishing）。

米勒（Miller, P.），塔普斯科特（Tapscott, D.），纽鲍尔（Neubauer, J.）（2010年）:《群体智能：在复杂的世界中生活，我们能从动物身上学到什么》。法兰克福：Campus出版社。

国家纳米技术计划（2013年）:《纳米技术大有裨益》。引用自01. November 2013年11月1日《纳米技术大有裨益》: http://www.nano.gov/you/nanotechnology-benefits

莱菲多（Nefiodow, L. A.）【版本：6. A.（2007年1月）】:《第六次康德拉季夫周期》。圣奥古斯汀：Rhein-Sieg出版社。

帕克（PARK, M.）（2013年7月24日）:《Facebook报告了2013年第二季

度的结果》。引用自 2013 年 9 月 30 日《Facebook 报告了 2013 年第二季度的结果》。
http://investor.fb.com/releasedetail.cfm?ReleaseID=780093

彼得（Pete Chapman, J. C.）（2000 年）. CRISP-DM 1.0 一步一步的数据挖掘向
导。SPSS , 76.

彼得斯（Peters, R.）（2013 年 7 月 3 日）：n-tv。引用自 2013 年 7 月 3 日 n-tv:
http://www.n-tv.de/politik/Der-NSA-Abhoerskandalbetrifft-uns-alle-article10924096.
html

皮埃申科（Piatschek, N.）（2013 年 7 月 1 日）：《下一个，请! 》引用自 2013 年
11 月 1 日《下一个，请! 》: http://www.textilwirtschaft.de/suche/show.php?ids%5B%5D
=921699&a=5

pocketnavigation.de GmbH.（2012 年 6 月 2 日）：Navi-Markt bricht weiter ein. 引
用自 30. September 2013 von Navi-Markt bricht weiter ein: http://www.pocketnavigation.
de/2012/07/navi-marktbricht-weiter-ein/

Pressemitteilung RWE Corporate Website.（2013 年）Meteorologen bei 供应与交
易的气象学家：《生产和消耗预报》。引用自 2013 年 11 月 18 日 Meteorologen bei
Supply and Trading:《生产和消耗预报》: http://www.rwe.com/web/cms/de/404392/rwe/
presse-news/specials/energiehandel/energiehandel-bei-rwe/meteorologen/

Probe, A.（2013 年 10 月 17 日）：《消费者评估质量和品牌》。引用自 2013
年 11 月 6 日 Textilwirtschaft.de: http://www.textilwirtschaft.de/suche/show.php?ids%5B%
5D=937166&a=0

Qwaya.（2013 年 1 月 30 日）：《Facebook 广告向导》。引用自 2013 年 11 月 1 日
《Facebook 广告向导》: http://www.qwaya.com/facebook-ads/guide-to-facebook-ads

Reuters.（2013 年 11 月 25 日）：《苹果公司收购了以色列 3D 传感器制造商
Prime Sense》。引用自 2013 年 11 月 27 日《苹果公司收购了以色列 3D 传感器制造

商 Prime Sense》：http://de.reuters.com/article/topNews/idDEBEE9AO02G20131125

雷伊（Roy, P. D.）（2011年）：《依属心理学的工具》，哈根大学。

罗斯（Ross, L.）（2013年7月24日）：wuv.de。引用自2013年11月6日 wuv.de：http://www.wuv.de/digital/40_prozent_der_user_wuenschen_sich_gefaellt_mir_nicht_button_fuer_marken

三星集团（2013年）：《Samsung Galaxy SIII——特性》。引用自2013年11月6日《Samsung Galaxy SIII——特性》：http://www.samsung.com/de/consumer/mobile-device/mobilephones/smartphones/GT-I9300MBDDBT-features

弗兰克·施尔玛赫（Schirrmacher, F.）（2013年）：《EGO——生活的游戏》。慕尼黑：Karl Blessing出版社。

弗兰克·施尔玛赫（Schirrmacher, F.）（2013年9月25日）：《数据时代的政治》。引用自2013年9月26日《数据时代的政治》：http://www.faz.net/aktuell/politik-im-datenzeitalter-was-diespd-verschlaeft-12591683.html

施密特（Schmidt, D. H.）（2013年9月6日）：focus.de。引用自2013年11月6日 focus.de: http://www.focus.de/digital/internet/netzoekonomie-blog/social-media-pinterestkommt-in-deutschland-auf-touren_aid_1007716.html

施密茨（Schmitz, A.）（2013年2月18日）：SAP.info。引用自2013年2月SAP.info:http://de.sap.info/bi-bei-bayer/89232?source=email-desapinfo-newsletter-20130305

舒尔茨（Schulz, T.）（2013年）：《数字的生活：大数据——国家和集团如何计算，我们将要做什么》。明镜周刊（20/2013）。

西本哈尔（Siebenhaar, H.-P.）（2013）：《偶然的终结》。商业报刊, 19。

socialbaker.com.（2013 年）：《公式显示：Facebook 和 Twitter 的参与率》。引用自 2013 年 11 月 6 日《公式显示：Facebook 和 Twitter 的参与率》：http://www.socialbakers.com/blog/467-formulas-revealed-thefacebook-and-twitter-engagement-rate

司博玲（Sperling, N.）（2013 年 9 月 21 日）：洛杉矶时报。引用自 2013 年 11 月 27 日迪斯尼的"小美人鱼的第二个屏幕生活"增加了 iPad 的扭曲：http://articles.latimes.com/2013/sep/21/entertainment/la-et-mn-little-mermaid-family-20130921

明镜在线（2013 年 10 月 12 日）：电子邮件的安全性：Telekom will E-Mail an USA und Großbritannien vorbeileiten. 引用自 2013 年 10 月 12 日 von E-Mail-Sicherheit: Telekom will E-Mail an USA und Großbritannien vorbeileiten: http://www.spiegel.de/netzwelt/netzpolitik/telekom-legt-vorschlag-gegen-britisch-amerikanischeueberwachung-vor-a-927549.html

斯皮思（Spies, R.）（2012 年 3 月 22 日）：《IDC：大数据的 5 个"V"》2013 年 7 月 3 日《IDC：大数据的 5 个"V"》：http://www.cio.de/strategien/2308215/index.html

statista.de.（2013 年 4 月 1 日）：《2013 年德国最受欢迎的服装品牌》。引用自 2013 年 11 月 1 日《2013 年德国最受欢迎的服装品牌》：http://de.statista.com/statistik/daten/studie/260327/umfrage/beliebteste-modemarken-in-deutschland/

史图科尔（Stöcker, C.）（2011 年）：《从 C64 到 Twitter 和 Facebook 的数字世界的历史——一本明镜之书》。汉堡：德国出版机构。

苏利凡（Sullivan, D.）（2011 年 5 月 11 日）：By The Numbers: How Facebook Says Likes and Social Plugins Help Websites。引用自 2013 年 9 月 30 日 By The Numbers: How Facebook Says Likes & Social Plugins Help Websites:http://searchengineland.com/by-the-numbers-howfacebook-says-likes-social-plugins-help-websites-76061

塔勒布（Taleb, N. N.）（2010 年）：《黑天鹅》。慕尼黑：德国袖珍书出版社。

经济学人（2013 年 7 月 20 日）：《预测警务——想都别想》。引用自 2013 年
11 月 2 日《预测警务——想都别想》：http://www.economist.com/news/briefing/21582042
-it-getting-easier-foresee-wrongdoing-andspot-likely-wrongdoers-dont-even-think-
about-it

库特·富克（Völker, K.）（2011 年 2 月 11 日）：《数据和叙事：用数据来
移动您的任务的六种方式》。引用自 2013 年 11 月 2 日《数据和叙事：用数据来
移动您的任务的六种方式》：http://forumone.com/blogs/post/data-and-storytelling-6-
waysuse-data-move-your-mission

Waze Mobile（2013 年 9 月 30 日）：Waze。引用自 2013 年 9 月 30 日 Waze：
https://www.waze.com/de/livemap

维基百科（2011 年 3 月 12 日）：负载曲线。引用自 2013 年 11 月 18 日负载
曲线：http://upload.wikimedia.org/wikipedia/commons/thumb/b/b8/Lastkurve.svg/1000px-
Lastkurve.svg.png

维基百科（2013 年 8 月 22 日）：Apache Hadoop。引用自 2013 年 9 月 30 日
Apache Hadoop：https://de.wikipedia.org/wiki/Hadoop

维基百科（2013 年 9 月 13 日）：Apache Lucene。引用自 2013 年 9 月 30 日
Apache Lucene：https://de.wikipedia.org/wiki/Lucene

维基百科（2013 年 11 月 11 日）：自动驾驶汽车。引用自 2013 年 11 月 13 日
自动驾驶汽车：http://en.wikipedia.org/wiki/Autonomous_car

维基百科（2013 年 10 月 14 日）：蓝牙——当前标准：蓝牙 4.0。引用自 2013 年
11 月 6 日蓝牙——当前标准：蓝牙 4.0：http://de.wikipedia.org/wiki/Bluetooth#Aktueller_
Standard:_Bluetooth_4.0

维基百科（2013 年 11 月 8 日）：Creative Commons。引用自 2013 年 11 月 11 日
Creative Commons：http://de.wikipedia.org/wiki/Creative_Commons

维基百科（2013 年 9 月 16 日）：数字原住民。引用自 2013 年 9 月 16 日数字原住民：http://de.wikipedia.org/wiki/Digital_Native

维基百科（2013 年 9 月 11 日）：德国联邦议会"互联网和数字社会"研究委员会。引用自 2013 年 11 月 9 日德国联邦议会"互联网和数字社会"研究委员会：http://de.wikipedia.org/wiki/Enquete-Kommission_Internet_und_digitale_Gesellschaft

维基百科（2013 年 5 月 26 日）：企业 2.0。引用自 2013 年 9 月 10 日企业 2.0：http://de.wikipedia.org/wiki/Enterprise_2.0

维基百科（2013 年 11 月 8 日）：增强现实。引用自 2013 年 11 月 11 日增强现实：http://de.wikipedia.org/wiki/Erweiterte_Realit%C3%A4t

维基百科（2013 年 11 月 11 日）：可交换图像文件格式。引用自 2013 年 11 月 11 日可交换图像文件格式：http://de.wikipedia.org/wiki/Exchangeable_Image_File_Format

维基百科（2013 年 9 月 23 日）：Ferraris-Zähler。引用自 2013 年 11 月 18 日 Ferraris-Zähler：http://de.wikipedia.org/wiki/Ferraris-Z%C3%A4hler

维基百科（2013 年 9 月 18 日）：游戏化。引用自 2013 年 11 月 22 日游戏化：https://de.wikipedia.org/wiki/Gamification

维基百科（2013 年 9 月 26 日）：大规模监控（数据保护）。引用自 2013 年 11 月 1 日大规模监控（数据保护）：http://de.wikipedia.org/wiki/Gl%C3%A4serner_Mensch_（Datenschutz）

维基百科（2013 年 8 月 15 日）：图论。引用自 2013 年 11 月 6 日图论：http://de.wikipedia.org/wiki/Graphentheorie

维基百科（2013 年 10 月 13 日）：保障信息技术系统可靠性和正直性的基本

权利。引用自 2013 年 11 月 2 日保障信息技术系统可靠性和正直性的基本权利：
http://de.wikipedia.org/wiki/Grundrecht_auf_Gew%C3%A4hrleistung_der_Vertraulichkeit_
und_Integrit%C3%A4t_informationstechnischer_Systeme

维基百科（2013 年 9 月 15 日）：黑客伦理。引用自 2013 年 11 月 11 日黑客伦理：
http://de.wikipedia.org/wiki/Hackerethik

维基百科（10. November 2013 年 11 月 10 日）：恶作剧。引用自 2013 年 11 月
11 日恶作剧：http://de.wikipedia.org/wiki/Hoax

维基百科（2013 年 3 月 15 日）：Impressionen Online Media. 引用自 2013 年 11 月
01 日 Impressionen Online Media：http://en.wikipedia.org/wiki/Impression_（online_media）

维基百科（2013 年 4 月 3 日）：设算（统计学）。引用自 2013 年 10 月 31 日
设算（统计学）：http://de.wikipedia.org/wiki/Imputation_（Statistik）

维基百科（2013 年 8 月 11 日）：工业革命。引用自 2013 年 9 月 30 日工业革命：
https://de.wikipedia.org/wiki/Erste_industrielle_Revolution

维基百科（2013 年 7 月 8 日）：信息自决。引用自 2013 年 7 月 8 日信息自决：
http://de.wikipedia.org/wiki/Informationelle_Selbstbestimmung

维基百科（2013 年 4 月 3 日）：互操作性。引用自 2013 年 9 月 30 日互操作性：
https://de.wikipedia.org/wiki/Interoperabilit%C3%A4t

维基百科（2013 年 7 月 18 日）：群体智能。引用自 2013 年 7 月 8 日群体智能：
http://de.wikipedia.org/wiki/Schwarmintelligenz

维基百科（2013 年 3 月 27 日）：Leo Nefiodow。引用自 2013 年 9 月 30 日 von
Leo Nefiodow：https://de.wikipedia.org/wiki/Nefiodow

维基百科（2013 年 11 月 6 日）：MAC 地址。引用自 2013 年 11 月 27 日 MAC 地址：

http://de.wikipedia.org/wiki/MAC-Adresse

维基百科（2013年9月15日）：MapReduce。引用自2013年9月30日MapReduce：https://de.wikipedia.org/wiki/MapReduce

维基百科（2013年3月27日）：多看效应。引用自 06.November 2013 年 11月6日多看效应：http://de.wikipedia.org/wiki/Mere-Exposure-Effekt

维基百科（2013年3月31日）：尼古拉·康德拉捷夫．引用自2013年9月30日尼古拉·康德拉捷夫：http://de.wikipedia.org/wiki/Nikolai_Dmitrijewitsch_Kondratjew

维基百科（2013年9月9日）：开放数据。引用自2013年9月30日开放数据：http://de.wikipedia.org/wiki/Open_Data

维基百科（2013年5月13日）：开放政府。引用自2013年9月30日开放政府：http://de.wikipedia.org/wiki/Open_Government

维基百科（2007年1月7日）：组织文化。引用自2013年9月30日组织文化：http://de.wikipedia.org/wiki/Unternehmenskultur

维基百科（2013年7月30日）：范例。引用自2013年7月30日范例：http://de.wikipedia.org/wiki/Paradigma

维基百科（2013年10月29日）：每点击付费。引用自2013年11月2日每点击付费：http://en.wikipedia.org/wiki/Pay_per_click

维基百科（2013年7月8日）：良好隐私密码法。引用自2013年7月8日良好隐私密码法：http://de.wikipedia.org/wiki/Pretty_Good_Privacy

维基百科（2013年9月24日）：量化生活。引用自2013年9月24日量化生活：http://de.wikipedia.org/wiki/Quantified_Self

维基百科（2013 年 10 月 23 日）：现实扭曲场。引用自 2013 年 11 月 1 日现实扭曲场：http://en.wikipedia.org/wiki/Reality_distortion_field

维基百科（2013 年 8 月 15 日）：射频识别（RFID）。引用自 2013 年 8 月 15日射频识别（RFID）：http://de.wikipedia.org/wiki/RFID

维基百科（2013 年 3 月 28 日）：Schweigeverzerrung。引用自 2013 年 10 月 12日 Schweigeverzerrung：http://de.wikipedia.org/wiki/Schweigeverzerrung

维基百科（2013 年 9 月 25 日）：分享经济。引用自 2013 年 9 月 30 日分享经济：http://de.wikipedia.org/wiki/Shareconomy

维基百科（2013 年 9 月 15 日）：Sinus-Milieus。引用自 2013 年 9 月 30 日 Sinus-Milieus：https://de.wikipedia.org/wiki/Sinus-Milieus

维基百科（2013 年 9 月 29 日）：社会企业。引用自 2013 年 9 月 30 日社会企业：http://de.wikipedia.org/wiki/Social_Business

维基百科（2013 年 5 月 6 日）：社交软件。引用自 2013 年 9 月 30 日社交软件：http://de.wikipedia.org/wiki/Social_software

维基百科（2013 年 9 月 8 日）：自上而下和自下而上。引用自 2013 年 9 月 30日自上而下和自下而上：http://de.wikipedia.org/wiki/Bottom-up

维基百科（2013 年 11 月 11 日）：Twitter。引用自 2013 年 11 月 11 日 Twitter：http://de.wikipedia.org/wiki/Twitter

维基百科（2013 年 8 月 15 日）：行为经济学。引用自 2013 年 8 月 15 日行为经济学：http://de.wikipedia.org/wiki/Verhaltens%C3%B6konomik

维基百科（2013 年 11 月 2 日）：供应安全。引用自 2013 年 11 月 3 日供应安全：http://de.wikipedia.org/wiki/Versorgungssicherheit

大数据时代下半场：
数据治理、驱动与变现

维基百科（2013 年 4 月 20 日）：第二次工业革命。引用自 2013 年 9 月 30 日第二次工业革命：https://de.wikipedia.org/wiki/Zweite_industrielle_Revolution

维基语录（2013 年 5 月 23 日）：温斯顿·丘吉尔语录。引用自 2013 年 11 月 6 题维基语录温斯顿·丘吉尔：http://de.wikiquote.org/wiki/Winston_Churchill

Withings.（2013 年 5 月 30 日）：Super-charge your Withings experience with +100partner apps and IFTTT。引用自 2013 年 11 月 6 日 Supercharge your Withings experience with +100 partner apps and IFTTT:http://blog.withings.com/en/2013/05/30/super-chargeyour-withings-experience-with-100-partner-apps-andifttt/

Wong, D.（2013 年 10 月 15 日）：Shareaholic。引用自 2013 年 11 月 6 日：https://blog.shareaholic.com/social-media-traffic-trends-10-2013/

世界健康组织（2011 年）：18-64 岁人群身体活动的建议。引用自 2013 年 11 月 6 日 18-64 岁人群身体活动的建议：http://www.who.int/dietphysicalactivity/physical-activity-recommendations-18-64years.pdf

附录 B　表格、图片、链接目录

B.1 表格目录

B.2 图片目录

B.3 链接目录

德国政府数据保护基金会

http://stiftungdatenschutz.org/

德国联邦议会"互联网和数字社会"研究委员会

http://www.bundestag.de/internetenquete/

德国联邦议会"互联网和数字社会"研究委员会调查参与

https://enquetebeteiligung.de/

欧洲议会——欧洲数字议事日程

http://ec.europa.eu/digital-agenda/en

Neelie Kroes – 欧洲议会副主席

http://ec.europa.eu/commission_2010-2014/kroes/